生物统计学实验指导

SPSS 22.0 及 R 语言应用

主　编·陈玉华　高　华

副主编·邓凯东　徐世永

东南大学出版社
SOUTHEAST UNIVERSITY PRESS
·南京·

图书在版编目(CIP)数据

生物统计学实验指导:SPSS 22.0 及 R 语言应用 / 陈
玉华,高华主编. —南京:东南大学出版社,2021.5(2024.6 重印)
ISBN 978-7-5641-9489-5

Ⅰ. ①生… Ⅱ. ①陈… ②高… Ⅲ. ①生物统计-统
计分析-实验-高等学校-教材 Ⅳ. ①Q-332

中国版本图书馆 CIP 数据核字(2021)第 062071 号

生物统计学实验指导——SPSS 22.0 及 R 语言应用

主 编	陈玉华 高 华	
出版发行	东南大学出版社	
社 址	南京市四牌楼 2 号(邮编:210096)	
出 版 人	江建中	
责任编辑	褚 蔚(Tel:025-83790586)	
经 销	全国各地新华书店	
印 刷	南京京新印刷有限公司	
版 次	2021 年 5 月第 1 版	
印 次	2024 年 6 月第 2 次印刷	
开 本	700 mm×1000 mm 1/16	
印 张	16.25	
字 数	287 千	
书 号	ISBN 978-7-5641-9489-5	
定 价	45.00 元	

本社图书若有印装质量问题,请直接与营销部联系。电话(传真):025-83791830

前 言

PREFACE

　　生物实验数据的统计分析是生物研究的一种基本方法,日益增长的大量数据对便捷处理复杂数据提出了新的要求,运用计算机的统计软件分析数据成为常态,但针对动物科学与食品科学的统计学实验教材相对稀少,因此我们结合金陵科技学院应用型本科院校教学实际使用的自编"生物统计学实验"教案和当前流行的统计分析软件,编写了本实验指导教材。

　　本书着重对以下几个方面进行了编写:

　　1. 突出基本理论的实际意义:在介绍枯燥的基本理论的同时直接给出其现实意义,便于学生能够摆脱对于数学统计公式的记忆,着重强调意义理解和实际操作。

　　2. 充分考虑当前商业与科研实际需要:介绍了统计学软件 SPSS 及 R 语言,促进市场与学校深度结合,避免学习的知识脱离市场需求。

　　3. 从学生视角结合理论课堂教案教学去编写教材:联系理论课堂实例讲解统计软件的应用。SPSS 部分通过菜单方式给出软件的具体操作,使用中文界面方便初学者理解接受;R 语言部分采用了从原始数据采集、原始数据加工,到数据录入、数据分析的过程,让学生深入理解整个分析过程,同时 R 代码部分采用了详细的解释,抛弃原有的大段文字描述的枯燥方式。

本书的作者团队集体讨论了本书的章节安排和实践教学中可能会遇到的问题,全书理论部分由陈玉华与高华共同编写,SPSS 部分由陈玉华编写,R 语言部分由高华编写,SPSS 文字校对由邓凯东完成,R 实验校对由徐世永完成。

本书的编写过程中,作者参阅了许多图书资料,并且引用了一些书中的部分例题和习题,在此向有关作者表示感谢!

本书由南京金陵科技学院校级重点学科"畜牧学"资助,同时获得金陵科技学院动物科学与技术学院戴鼎震、程泽信、蒋加进等领导的大力支持和帮助,董江水、金兰梅等众多教师给予了宝贵的建议,在此一并表示衷心的感谢!

由于编者水平有限,书中难免存在一些不足之处,敬请各位同行专家和广大读者批评指正。

编　者
2020 年 6 月

目　　录

统计软件介绍与基本理论

描述性统计

假设统计检验

第一章　SPSS 简介与数据操作

第一节　SPSS 简介与界面介绍

◆ 了解 SPSS 软件发展历程。

◆ 掌握 SPSS 的启动和退出。

◆ 掌握 SPSS 数据编辑和结果输出界面。

一、SPSS 简介

1. SPSS 软件及其发展

SPSS,即"统计产品与服务解决方案"软件,最初软件全称为"Solutions Statistical Package for the Social Sciences"(社会科学统计软件包),随着 SPSS 产品服务领域的扩大和服务深度的增加,2000 年 SPSS 公司正式将软件英文全称更改为"Statistical Product and Service Sloutions"(统计产品与服务解决方案)。

SPSS 是一款历史悠久的统计分析软件,最初由斯坦福大学的三位研究生 Norman H. Nie、C. Hadlai(Tex)Hull 和 Dale H. Bent,于 1968 年研究开发成功,同时成立了 SPSS 公司。2009 年 SPSS 公司被 IBM 公司收购,并从 2010 年 8 月发行 19.0 版本开始,SPSS 正式更名为 IBM SPSS Statistics(本书均简称"SPSS")。SPSS 自开发以来,功能不断增强,版本不断更新,目前最新版本是 SPSS 27.0。本教程以 IBM SPSS Statistics22.0 中文版为基础,按完全窗口菜单运行方式讲授。

2. IBM SPSS Statistics 22.0 的功能模块

IBM SPSS Statistics 22.0 包含基础统计分析(IBM SPSS Statistics Base)、

高级统计分析（IBM SPSS Advanced Statistics）、回归分析（IBM SPSS Regression）、准确测试（IBM SPSS Exact Tests）、类别选项（IBM SPSS Categories）、缺失值分析（IBM SPSS Missing Values）、联合分析（IBM SPSS Conjoint）、定制表格（IBM SPSS Custom Tables）、复杂样本（IBM SPSS Complex Samples）、决策树（IBM SPSS Decision Trees）、数据准备（IBM SPSS Data Preparation）、预测工具（IBM SPSS Forecasting）、神经网络（IBM SPSS Neural Networks）、直接营销（IBM SPSS Direct Marketing）、Bootstrapping15 个功能模块，用户可根据需要选择安装。

基础功能模块的主要功能包括：变量定义与数据录入（Data）；原始数据显示（List）；数据排序（Sort）；数据的汇总（Aggregate）；等级排序、计算正态分数百分比等分析（Rank）；频数表分析（Frequencies）；均数、标准差等描述性统计及 Z-分数转换（Descriptives）；数值分布形式探究（Examine）；交叉表（Crosstabs）；多变量数据的处理（Mult Response）；均值及均值差别的显著性检验（Means）；t 检验（t-Test）；单因素方差分析（Oneway）；方差分析（Anova）；参数检验（Npar Tests）；相关分析（Correlations）；偏相关分析（Partial Corr）；回归分析（Regression）；曲线模型的拟合（Curvefit）、因子分析（Factor Analysis）、聚类分析（Cluster Analysis）等功能。

高级工具的主要功能包括：一般线性模型（GLM）；一般线性模型重复测量；线性混合模型（Linear Mixed Models）；方差分量（Variance Components）；生命表（Life Tables）；Kaplan-Meier 生存时间模型（Kaplan-Meier Survival Analysis）；Cox 回归模型（Cox Regression）；对数线性模型及最优化检验（Loglinear）；Logistic 模型（Logistic）等功能。

本课程中的实验涉及基础工具中最常用的基础内容，包括：描述统计；均值比较与样本 t 检验；方差分析；相关分析；回归分析；卡方检验。

二、SPSS 的启动与退出

1. SPSS 的启动

SPSS 安装完成后，会在 Windows 的程序菜单中添加相应的菜单项。以 SPSS for Windows 22.0 中文版为例，启动计算机进入 Windows 后，单击"开始"→"所有程序"→"IBM SPSS Statistics"→"Σ IBM SPSS Statistics22"即可启动 SPSS，并出现 IBM SPSS Statistics 22 的欢迎对话框，如图 1-1 所示。

　　SPSS 的欢迎对话框有 6 个选项,即"新建文件""最近的文件""新增功能""模块和可编程性""教程"和"以后不再显示此对话框"。用户可在"新建文件"选项中双击"新数据集"建立一个新的数据文件,也可在"最近的文件"中打开最近使用的数据文件。"以后不再显示此对话框"为单选项,并可在其前的方框中做出勾选(☑)与不勾选(□)的选择。如果在"以后不再显示此对话框(D)"前的方框中做出勾选(☑),下次 SPSS 启动后不再显示欢迎对话框,直接进入数据编辑窗口。否则,再次启动 SPSS 首先还会出现欢迎对话框。建议大家对"以后不再显示此对话框"不做勾选。

图 1-1　SPSS 欢迎对话框

2. SPSS 的退出

　　SPSS 的退出操作与其他运行在 Windows 的软件一样,既可单击数据编辑器右上角的 █✕ 按钮退出 SPSS,又可在数据编辑器状态下单击"文件(File)"→"退出(Exit)"退出 SPSS。

三、SPSS 的界面

1. SPSS 的数据编辑器界面

1）数据视图

SPSS 的数据编辑器界面有数据视图和变量视图两个可切换的视图。数据视图和变量视图分别如图 1-2 和图 1-4 所示。

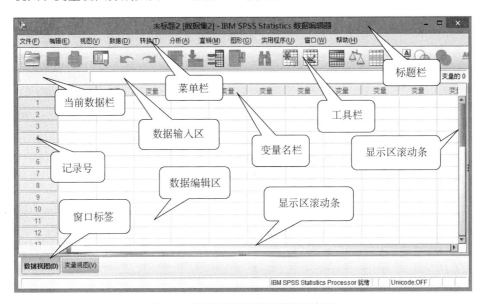

图 1-2 SPSS 数据编辑器的数据视图

（1）标题栏：显示文件名。文件未保存时，标题栏上显示为"未标题 n"（n 为数字，表示第 n 个未标题的文件，本例为新建的"未标题 2"的空白文件）。

（2）菜单栏：包含文件（F）、编辑（E）、视图（V）、数据（D）、转换（T）、分析（A）、直销（M）、图形（G）、实用程序（U）、窗口（W）和帮助（H）共 11 个下拉式主菜单的名称。

文件（F）菜单：具有文件的新建、打开、保存、另存为、打印和退出等功能。

编辑（E）菜单：具有文本内容的剪切、复制、粘贴、寻找和替换等功能。

视图（V）菜单：具有对数据编辑窗口的各栏目是否显示的选择功能。

数据（D）菜单：具有数据变量定义，个案的选择、排序、加权，数据文件拆分、合并等功能。

转换（T）菜单：具有计算变量、转换值、缺失值替换等功能。

分析（A）菜单：具有运用各种统计方法分析和输出数据、图表等功能，这是

SPSS 统计软件重要而常用的菜单。

直销(M)菜单:选择方法。

图形(G)菜单:制作各种统计图等。

实用程序(U)菜单:具有进行脚本运行、使用变量集、处理数据文件等功能。

窗口(W)菜单:实现窗口管理的功能。

帮助(H)菜单:具有教程、统计指导、算法、可编程性等功能。

（3）工具栏:列出的是 SPSS 常用工具的图标(图 1-3)。灰色表示没有激活,彩色表示已经激活,单击工具选项的图标,可激活相应工具的功能。当鼠标光标停留在某个按钮时,软件会自动显示其功能提示。

图 1-3　SPSS 数据编辑器的工具栏

图 1-3 中,从左向右各图标含义如表 1-1 所示。

表 1-1　SPSS 数据编辑器工具栏图标含义

打开数据文档:打开数据文件和其他类型文件	查找:单击打开"查找和替换"对话框,在对话框中输入要查找的内容,即可打开该内容所在单元格;还可以替换该单元格内容
保存该文档:对编辑修改后的数据文档进行保存	插入个案:单击后将在光标所在的单元格的上方插入一行,可供输入新的个案
打印:打印输出数据编辑区的报表	插入变量:单击后将在光标所在单元格左侧插入一列,可供输入新的变量
检索最近使用的对话框:单击显示最近打开的对话框,可重新对对话框进行编辑	拆分文件:单击后打开"拆分文件"对话框,可在该对话框中对文件进行分组
撤销:取消用户上一步或几步的操作	加权个案:单击打开"加权个案"对话框,可选择频率变量对个案进行加权
重新执行用户操作:还原撤销的操作结果	选择个案:单击后打开"选择个案"对话框,可在该对话框中对所有观测量设定条件、范围及样本的随机性,进而筛选出满足条件的个案

续表

![图标] 转向个案：单击打开"转到"对话框，在对话框中输入数字，即可到达当前单元格所在变量(列)的记录(行)	![图标] 值标签：单击该按钮后，已经设定标签的变量将被所对应的数值标签替代；再次单击该按钮，可恢复显示
![图标] 转向变量：单击打开"转到"对话框，可到达选定的变量	![图标] 使用变量集：将变量分组定义为集合后，可单击该按钮。在打开的"使用变量集"对话框中，选择在数据编辑区显示的变量集
![图标] 变量：单击打开"变量"对话框，对话框显示全部数据变量的名称、标签、类型、缺失值等信息	![图标] 显示所有变量：单击该按钮后将在数据编辑区内显示所有变量
![图标] 运行描述统计数据：单击该按钮后，将输出用鼠标选中的变量的描述统计结果文件	![图标] 拼写检查：用来检查拼写错误

（4）当前数据栏：显示"记录名：变量名"，表示当前单元格的具体位置信息。

（5）数据输入区：显示当前单元格的数据内容，用户可在此区域直接输入或修改数据。

（6）变量名栏：列出的是数据文件中变量的名称。

（7）记录号：显示数据的顺序号。

（8）数据编辑区：用于数据的输入和各种编辑。

（9）显示区滚动条：用于调节数据左右和上下的显示区域。

（10）窗口标签：用于切换数据视图和变量视图。数据视图用来输入、编辑及保存数据，变量视图用来定义和修改变量特性。

（11）状态栏：显示 SPSS 的状态。显示"IBM SPSS Statistics Processor 就绪"，SPSS 可正常使用，等待用户操作。

2）变量视图

在变量视图(图 1-4)中，从左向右是描述变量的 11 个特性，分别是名称、类型、宽度、小数、标签、值、缺失值、列、对齐、测量和角色。

（1）名称：即变量名，每个变量名必须唯一，不能重复，其总长度不超过 64 个字节，相当于 64 个英文字符或 32 个汉字的长度。首字符必须以字母、汉字或@、♯、$ 开头，最后一个字符不能为圆点"."或下划线"_"，否则系统会出现提示。

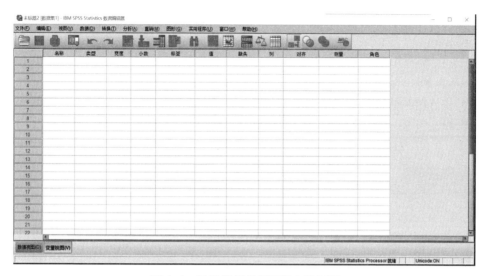

图 1-4　SPSS 数据编辑器的变量视图

（2）类型：即变量类型，打开变量类型对话框，有数值（N）、逗号（C）、点（D）、科学计数法（S）、日期（A）、美元（L）、设定货币（U）、字符串（R）和受限数值（E）9 种类型，常用的是数值型、字符串型、日期型。

（3）宽度：即变量宽度，变量取值所占的宽度（位数），系统默认为 8，用户可根据需要调节宽度大小。

（4）小数：即变量的小数，小数点后的位数，默认为小数点后 2 位，用户可根据需要调节大小。

（5）标签：即变量的标签，附加说明变量名称的含义，可支持长达 256 个字符（128 个汉字）的长度。

（6）值：即变量值标签，通过变量标签设定变量取值的具体含义，例如在规定动物性别时，打开值标签对话框用 1 表示"公"，2 表示"母"；

（7）缺失值：选择缺失值的处理方式，包括没有缺失值、离散缺失值、范围加上一个可选离散缺失值（R）。

（8）列：变量在数据视图中所显示的列宽，默认为 8，可根据需要调节大小。

（9）对齐：即对齐格式，设定数据的对齐格式，包括左、右、居中三种对齐格式。

（10）测量：设定数据的测度方式，包括测量、有序（O）和名义（N）三种。

（11）角色：某些对话框支持预先选择分析变量的预定义角色，打开对话框时,满足角色要求的变量将自动显示在目标列表中,包括输入、目标、两者、无、分区、拆分 6 种,默认为"输入"角色,一般可忽视这一特性。

2. SPSS 的结果输出窗口

SPSS 的结果输出窗口如图 1-5 所示,用于显示统计分析结果,包括统计表、统计图和信息说明等内容。该窗口的内容保存格式有多种格式的数据文件,默认以 SPSS Statistics(∗.spv)的格式保存。

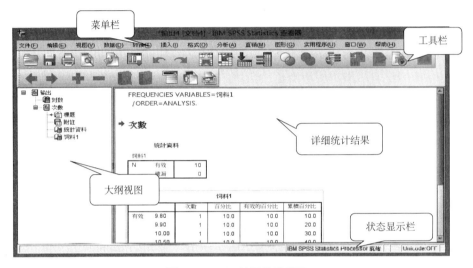

图 1-5　SPSS 结果输出窗口

(1) 菜单栏:SPSS 结果输出窗口共有 13 个主菜单,分别为:文件(F)、编辑(E)、视图(V)、数据(D)、转换(T)、插入(I)、格式(O)、分析(A)、直销(M)、图形(G)、实用程序(U)、窗口(W)、帮助(H)。其中,大多数菜单的功能与数据编辑器菜单相同,而插入(I)和格式(O)菜单是 SPSS 结果输出窗口所独有的。

(2) 工具栏:SPSS 结果输出窗口的工具栏如图 1-6 所示。点击工具栏上的图标选项,可激活相应工具的功能。若不了解各工具的功能,只要将鼠标箭头指向特定工具图标停留一下,即可显示该工具的功能释义。

图 1-6　SPSS 结果输出窗口工具栏

图 1-6 中,从左向右各图标的含义如表 1-2 所示。

表 1-2　SPSS 结果输出窗口工具栏图标含义

打开:可打开结果文件(* .spv)	选定最后输出:单击后自动选择结果输出区的最后一个输出结果
保存:保存输出结果文件	关联自动脚本:单击后将输出结果和自动脚本关联在一起
打印:打印输出区的报表和图形	创建/编辑自动脚本:单击后将调出脚本页面,可创建或编辑自动脚本
打印浏览:打印前预览结果输出区的内容	运行脚本:单击后将运行现有脚本,输出结果
导出:将结果输出区的内容导出到文本文件、Excel 文件、Word 文件、PowerPoint 等类型文件中	指定窗口:单击后当前窗口被设定为指定结果输出窗口,以后的输出结果将出现在当前窗口中;如果只打开一个结果输出窗口,该窗口被自动设定为候选窗口
检索最近使用的对话框:单击后可显示最近打开的对话框,重新对对话框进行编辑	升级:选中结果输出区的输出结果后,单击该按钮,可向前调整该结果的层级
撤销:撤销上一步或几步的操作	降级:选中结果输出区的输出结果后,单击该按钮,可向后调整该结果的层级
恢复:恢复撤销的操作结果	扩展所选的概要项目:在大纲视图中选定非最低层级的结果输出后,单击该按钮将展开该层级下所有低层级的图标

续表

转向数据:单击后转换至数据编辑窗口	▬ 折叠所选的概要项目:在大纲视图中选定非最低层级的结果输出后,单击该按钮将不显示该层级下所有低层级的图标
转向个案:单击后打开"转到"对话框,在该对话框中输入数字,即可到达数据编辑窗口当前单元格所在变量(列)的记录(行)	显示所选的项目:在大纲视图中选定非最低层级的结果输出后,单击该按钮将显示该层级下被隐藏的输出结果
转向变量:单击后转换到变量编辑窗口	隐藏所选的项目:在大纲视图中选定非最低层级的结果输出后,单击该按钮可将该输出结果隐藏
变量:单击后打开"变量"对话框,对话框内将显示数据编辑窗口全部数据变量的名称、标签、缺失值和类型等信息	插入标题:在结果输出区选定输出结果后,单击该按钮,可在该结果下方插入新题目;新题目将在大纲中显示,并且可进行编辑修改
使用变量集:将变量分组定义为集合后,单击该按钮,在打开的"使用集合"对话框中,选择在数据编辑窗口显示的变量集合	新建标题:在结果输出区选定输出结果后,单击该按钮,可在该结果下方插入新标题;新标题可以直接在结果输出区编辑修改
显示所有变量:单击后将在数据编辑窗口内显示所有变量	新建文本:在结果输出区选定输出结果后,单击该按钮,可在该结果下方插入新文本;新文本可直接在结果输出区编辑修改,可用于补充说明上方输出图表

(3) 结果浏览区:工具栏下面的窗口区域,左侧为大纲视图(结构视图),大纲视图以树形结构显示输出结果的目录。右侧为内容视图,即显示详细的统计分析结果(表、图和文本)。左右两侧一一对应,选中一侧的元素,另一侧的相应元素即被选中。

在 SPSS for Windows 22.0 中文版的结果输出窗口中,大纲视图的图标均有中文标注,本实验教材不再叙述。

(4) 状态显示栏:状态显示栏包括三部分内容。左侧为信息区,显示快捷按钮的功能解释以及对结果的操作指导。中间为状态区,显示当前 SPSS 的运行状态是否正常。右侧为输出内容信息区,主要显示输出结果的高度及宽带信息。

3. SPSS 的常用功能设置

在 SPSS 使用过程中,有时需要对一些常用功能进行设置,例如从默认的英语界面转换到简体中文界面等。常用功能的设置可以通过"编辑"→"选项",获取"选项"对话框,如图 1-7 所示。

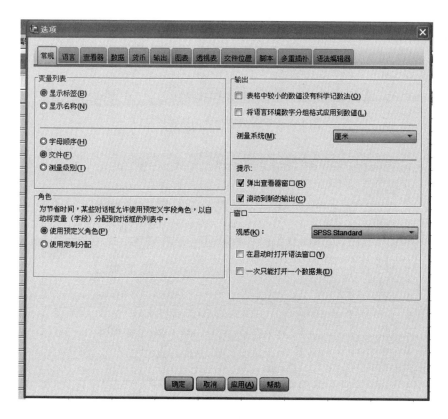

图 1-7　SPSS 选项功能的常规项窗口

对第一行命令逐一点开,会出现关于 SPSS 常规功能设置的所有界面(如图 1-8 至图 1-14 所示),用户可以根据需要进行相关设置。

图 1-8　SPSS 选项功能的语言项窗口

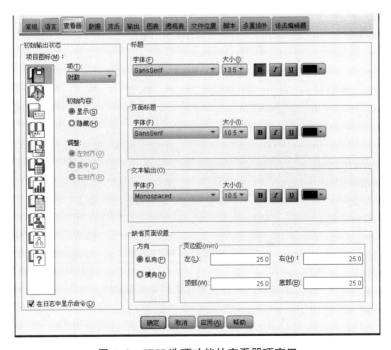

图 1-9　SPSS 选项功能的查看器项窗口

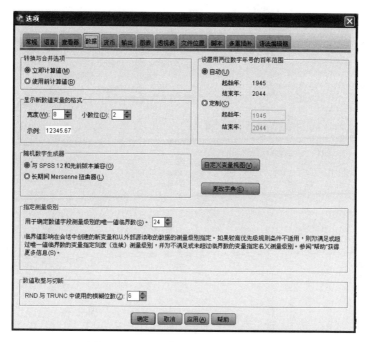

图 1-10　SPSS 选项功能的数据项窗口

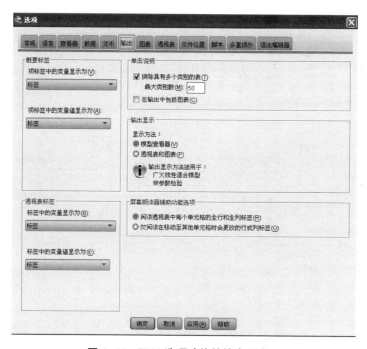

图 1-11　SPSS 选项功能的输出项窗口

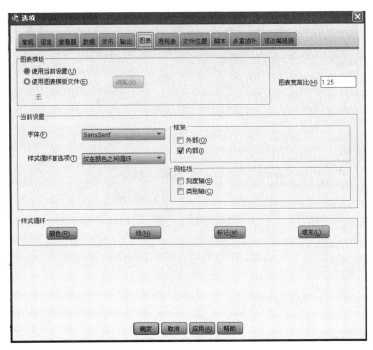

图 1-12　SPSS 选项功能的图表项窗口

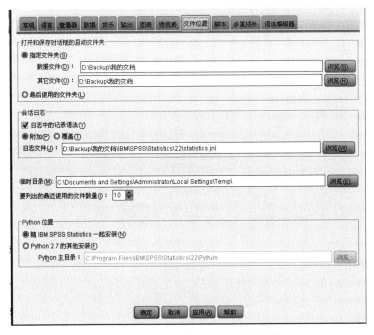

图 1-13　SPSS 选项功能的文件位置项窗口

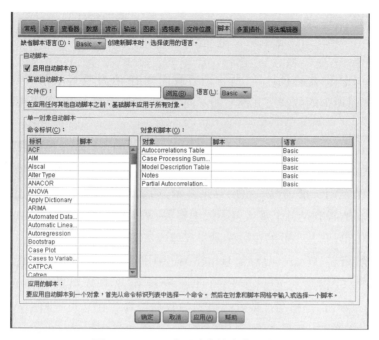

图 1-14　SPSS 选项功能的脚本项窗口

以上窗口中常用的是语言项窗口,其他窗口对于初学者来说,建议采取默认形式,不要随便修改。

根据实验内容熟悉 SPSS 的相关窗口和视图。

第二节　SPSS 数据建立与编辑

本 节 要 点

◆ 理解建立数据文件的原理和方法。

◆ 掌握 SPSS 的数据输入格式。

◆ 掌握 SPSS 的手动数据录入与保存。

◆ 掌握 SPSS 调入 Excel 电子表格数据。

一、数据要求

1. 变量

根据理论课"生物统计学"所学内容我们知道,在动物科学调查或试验中,由观察、测量所得的数据按其性质的不同,一般可分为两大类:连续性资料和离散性资料。

连续性资料(Continuous Data),是指在一定范围内可取任何实数值的数据资料。它们通常是用度、量、衡等计量工具直接测量后得到的,也称为计量资料。其数据是用长度、容积、重量等来表示,如奶牛的体长、产奶量、体重等,这类数据资料的特点是各个观测值不限于整数,两个相邻的整数间可以有带小数的任何数值出现,其小数的位数随测量仪器或工具的精确性而变化。

离散性资料(Discrete Data)是指在一定范围内只取有限种可能值的数据资料。离散性资料又可进一步分为计数资料和分类资料两种。计数资料(Counting Data),是指用计数方式得到的数据资料。在这类资料中,以自然数1为基本计数单位,各观察值都以整数表示,相邻两整数间没有小数存在。如常见的产仔数、产蛋数、样品合格数、发病数、死亡数、呼吸次数(频数)等。由于各观察值以整数表示,没有小数,是不连续的,因此该类资料也称为不连续性变异资料或间断性变异资料。分类资料(Categorical Data),是指可自然或人为地分为两个或多个不同类别的资料。有些能观察到而不能直接测量的性状资料,如性别、毛色、生死等。这类性状本身不能直接用数值表示,要获得这类性状的数据资料,需对其观察值做数量化处理再统计其次数(频数)进行分析 。例如,性别可分为两类:♂(1 表示)、♀(0 表示)。

变量是指某种特征,它表现在不同个体间或不同组间存在变异性,例如:体重、体长、产仔数、性别、毛色、血型等。在统计学中,由于研究的是随机现象规律,通常应用随机变量的概念较多。随机变量是在一定范围内随机取值的变量。对应于数据资料的分类,随机变量可分为:连续型随机变量、离散型随机变量。连续型随机变量指在一定范围内可取任意值的随机变量。离散型随机变量是只取有限种可能值的随机变量。

2. 数据输入格式

统计软件中数据的录入格式和大家平时试验记录数据用的格式不太相同,SPSS 所使用的数据格式需要遵守相应的格式要求,其基本原则如下:

(1) 每一行是一个个体(个案)的记录,即同一个体的数据独占一行,不同个体的数据不能在同一行中出现。

（2）每一列是一个变量，即每一个测量指标/影响因素只能占据一列的位置，同一个指标的测量数值应当列入同一列中去。

但有时分析方法会对数据格式有特别的要求，这时可能就会违反"一个个体占一行，一个变量占一列"的原则，在后面的配对数据和重复测量数据中这种情况最多见。

这是因为根据分析模型的要求，需要将同一个观察对象某个观察指标的不同次测量看成是不同的指标，因此被录入成了不同的变量，这是 SPSS 允许的。但对于 SPSS 的初学者而言，建议大家还要严格遵守以上规则，而且不管数据表现格式怎么样，最终的数据集都应当能够包含原始数据的所有有效信息。

二、手动数据输入

1. 需要录入的数据

（1）建立以下 100 尾小黄鱼的体长资料的数据文件。

（2）将输入的数据按照格式要求存储。

表 1-3　　100 尾小黄鱼的体长　　　　　单位:mm

175	177	182	231	199	214	210	234	235	254	189	186
189	185	203	212	224	231	238	248	199	204	202	187
198	207	221	226	240	252	206	208	210	186	195	209
219	229	249	258	217	219	214	194	200	208	220	232
250	255	230	233	221	192	204	211	215	227	253	264
254	267	250	234	190	201	214	220	229	251	254	249
246	193	197	213	216	237	248	273	284	224	247	192
196	212	218	242	253	270	176	176	250	187	203	212
225	244	249	274								

数据来源:张勤. 生物统计学(第2版). 北京:中国农业大学出版社,2008.第2章.

2. SPSS 的数据录入

数据录入就是要把观测的每个指标值录入到软件中。在录入数据时，大致可归纳为"数据录入三部曲":首先定义各变量名，即给每个观测指标起个名字，并且指定每个变量的各种属性;然后录入数据，即把每个观测个体的各指标取值录入为电子格式;最后保存数据。

具体操作步骤如下：

（1）准备工作。在 SPSS 22.0 中单击"文件"菜单下的"新建—数据"命令，如图 1-15 所示。同样，如果在"文件"菜单下的"新建→文件"选项中选择"语法""输出""脚本"，则可分别打开其对应窗口，进而分别建立新的.sps、.spv、.wwwd、.sbs、.bas 等格式文件。

图 1-15　"文件"菜单下的"新建"选项

（2）打开 SPSS 左下方的"变量视图"，如图 1-16 所示。

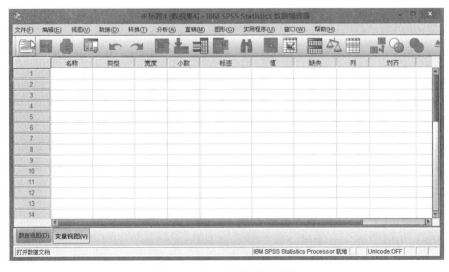

图 1-16　"变量视图"对话框

①名称：即变量名，前面变量视图中已经介绍，不再赘述。单击"名称"列项的单元格，即可直接输入变量名，本例输入变量名"xiaohuangyu"。

②类型：即变量类型，单击"变量类型"该列的单元格，选择变量类型，对应宽度、小数位单元格将显示默认的宽度 8 和小数位 2，如图 1-17 所示。9 种变量类型中常用的 3 种介绍如下：

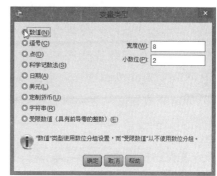

＊数值型：数值型是 SPSS 使用最多的变量类型，数值型的数据是由 0～9 的阿拉伯数字和其他数字符号（例如美元符号、逗号等）组成的。本例中"xiaohuangyu"为数值型变量。

图 1-17　"变量类型"对话框

＊字符型：字符型数据类型也是 SPSS 中较常用的数据类型，它是由字符串组成的。字符型变量的默认显示宽度是 8 个字符位，需要注意字符型变量不能够进行算术运算，并且区别英文字母大小写。

＊日期型：日期型数据主要用来表示日期或者时间，日期型变量显示格式有多种，用户可根据 SPSS 菜单进行选择。例如，dd-mmm-yyyy，"dd"表示 2 个字符位的日期，"-"为数据分隔符，"mmm"表示英文月份的缩写，"yyyy"表示 4 个字符位的年份。同样需要注意的是日期型变量也不能直接参与运算，如果想使用日期型变量的值进行运算，则要通过有关的日期函数转换才可以。

③宽度：即变量宽度，前面已述默认的变量宽度为 8，用户可以单击"宽度"该列的单元格直接重新输入数值或者单击上下箭头调节变量宽度。

④小数：即变量的小数点后位数，前面已述默认的小数点后位数是 2，用户也可以单击"小数"该列的单元格重新输入数值或者单击上下箭头调节小数点后位数。需要注意的是小数点后位数限制在数值型、逗号型等变量类型，字符型变量不能限制小数点后位数。

⑤标签：即变量的标签，通过标签可以对变量含义做进一步的说明，增加变量名的可视性和分析结果的可读性。例如，在输入畜牧生成调查问卷数据时，由于变量名长度有限制，可以将变量名直接用调查问卷的题目号表示，在标签中输入完整的问题来解释变量含义。但注意标签总长度不超过 256 个字节，并且在统计分析结果显示时，一般不能显示很长的变量标签信息。本例中对变量

名用中文"小黄鱼"表示,对变量名做进一步解释。

⑥值:即变量值标签,可对变量数值进行详细的说明。例如,表示动物性别数据时,用数值"1"表示"公",数值"2"表示"母"。单击"值"该列的单元格,单元格右端将出现按钮,单击该按钮,则弹出"值标签"对话框(图1-18)。具体操作如下:

在"值标签"对话框中,可以在"值(L)"后输入变量的数值"1",然后在"标签(L)"中输入对应的数值含义"公",单击"添加(A)"按钮,即可将上述数值标签的定义添加到数值标签的主窗口中。如果需要进行"更改(C)"或者"删除(R)",可以在主窗口中先选中需要更改或移除的数值标签,然后单击对应的按钮,即可完成数值标签编辑。数值标签编辑好后,单击"确定"按钮,返回到数据编辑窗口的变量视图中。

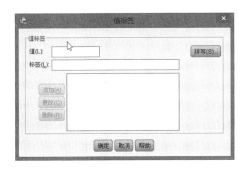

图1-18 "值标签"对话框

图1-19 "缺失值"对话框

⑦缺失值:在动物科学数据处理过程中,经常会出现记录数据空缺或记录数据无效的情况,即有些数据项漏填了,或者有些数据明显根据专业知识和经验判断是记录错误的。这些数据一般都在数据预处理时标记为缺失值。在统计分析时,缺失值一般不能使用,或单独处理。单击"缺失"该列的单元格,单元格右端将出现按钮,单击该按钮,将弹出"缺失值(S)"对话框。如图1-19所示。

SPSS中,缺失值的指定方法主要有以下两种:

＊字符型或数值型变量:缺失值可以是1到3个特定的离散值。例如:用数字"999""888""777"来表示缺失值。

＊数值型变量:缺失值可以在1个连续的范围内(R),加上指定1个离散值(D)。

SPSS系统中,数值型变量默认的缺失值选项是"没有缺失值(N)",注意字符型变量中的空格不是系统缺失值。

⑧列:变量在数据视图中所显示的列宽,默认的列宽为8。当变量的显示宽度小于变量的列宽时,需要对变量的列宽进行调整修改,否则,变量就无法完

整地在数据视图中显示。具体设置为:单击"列"该列的单元格,然后即可在单元格中直接重新输入数值或者单击上下箭头调节变量宽度大小。

⑨对齐:即对齐格式,设定数据的对齐格式,包括左对齐、右对齐、居中对齐三种方式。用户可以单击"对齐"该列的单元格,然后单击单元格右方的小箭头,如图1-20所示,即可通过单击,选择需要的对齐方式。数值型数据默认的对齐格式为右对齐显示,字符型数据默认为左对齐显示。

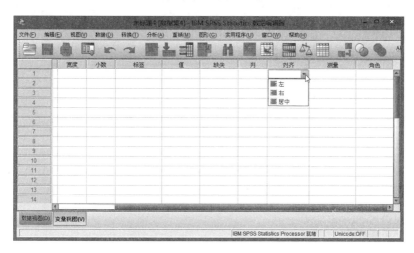

图1-20　"对齐"选项

⑩测量:设定数据的测度方式,统计数据的分类根据分类标准不同,分的类也不同。SPSS的测量将数据分为测量、有序、名义三种类型。测量数据是指连续性数据(如身高、体重等)。有序和名义属于分类变量,有序数据是有内在大小或高低顺序的数据度量,如指标的高、中、低;名义数据不存在内在大小或高低顺序的数据,只是名义上指代的度量方式,如表示性别的变量男、女,表示地址的变量等。用户可以单击"测量"该列的单元格,然后单击单元格右方的小箭头,则单元格将显示"测量"选项,如图1-21所示。用户即可通过单击,选择需要的测度方式。一般变量默认的测量方式为"测量"。

⑪角色:前面已经介绍,打开对话框时,满足角色要求的变量将自动显示在目标列表中,包括输入、目标、两者、无、分区、拆分6种,默认为"输入"角色,一般可忽视这一特性。

(3)定义了变量的各种属性,如图1-22所示。单击"数据视图"按钮,回到数据视图中,就可以直接在表中输入数据,如图1-23所示。

(4)单击"数据视图",录入数据文件,如图1-23所示。

图 1-21 "测量"选项

图 1-22 "变量视图"小黄鱼对话框

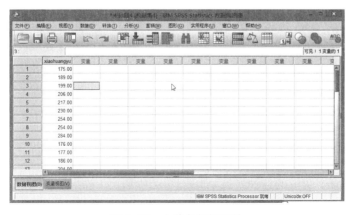

图 1-23 小黄鱼数据文件

3. 数据保存

SPSS 的分析结果可以保存为 SPSS 自身的格式，即".sav"格式，只需要选择数据窗口中的"文件"→"保存"菜单项即可。

本例数据录入完成并检查无误、无缺失后就可以保存文件。点击工具栏的保存按钮或"文件"下拉菜单的"保存"，弹出保存对话框，如图 1-24 所示，输入文件名称，选择保存路径等信息。

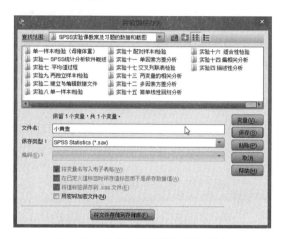

图 1-24　小黄鱼数据"保存"对话框

无论是在数据录入过程中还是对数据做了修改，我们都要养成随时保存数据文件的好习惯。在选择"文件"→"保存"菜单项时，如果数据文件以前保存过，则系统会自动按原文件名保存数据。如果是第一次保存数据则会弹出"将数据保存为"对话框，只将所要保存的文件指定文件名和保存的路径即可。

三、从 Excel 导入 SPSS

SPSS 可以调用 SAS 格式、Excel 格式、文本格式等数据文件，本节介绍常见的 Excel 格式。假定已经保存在 Excel 工作表中显示的如图 1-25 所示的 sjgl.xls 文件。首先在 Excel 中打开 sjgl.xls，了解一下这个文件的结构，重点需要了解这几项内容：第一，该文件中包含几个 Excel 数据表，我们具体需要打开哪个表；第二，假如不需要该表的全部数据，而只需读入其中一部分，这时我们需要了解要读入数据的确切位置，如单元格 A2:F5；第三，这个表格数据的第 1 行是不是变量名。从这个文件中可以看出，第 1 行是变量名，该文件只有一个表，要读取的是该表格中的全部数据。

	A	B	C	D	E	F	G	H	I	J	K	L	M	N	O	P	Q
1	序号	牛号	奶牛场	品种	产犊日期	胎次	测定日	奶量	乳脂率	蛋白率	体细胞	细胞分	奶损失	校正奶	乳糖	总固	尿素氮
2	1	32000201B089	西岗牧场	荷斯坦	2010/11/28	5	2011/5/24	7.0	3.93	3.49	8	3	0.0	7.5	5.1	13.6	0.1
3	2	32000201B135	西岗牧场	荷斯坦	2010/5/15	6	2011/5/24	24.0	2.67	2.98	14	3	0.0	34.5	5.0	11.7	0.0
4	3	32000202B098	西岗牧场	荷斯坦	2009/8/26	5	2011/5/24	20.0	3.05	3.62	290	8	2.9	43.5	4.1	11.7	0.0
5	4	32000202B163	西岗牧场	荷斯坦	2010/9/28	5	2011/5/24	34.0	3.10	3.60	38	5	1.2	37.6	4.8	12.5	0.1
6	5	32000203B041	西岗牧场	荷斯坦	2010/10/9	6	2011/5/24	18.0									
7	6	32000203B052	西岗牧场	荷斯坦	2010/10/7	5	2011/5/24	8.0	4.22	3.23	170	7	1.1	10.0	4.6	13.0	0.1
8	7	32000203B097	西岗牧场	荷斯坦	2010/9/25	4	2011/5/24	19.0	2.61	3.15	187	7	2.7	19.9	4.4	11.1	0.1
9	8	32000203B107	西岗牧场	荷斯坦	2009/9/4	4	2011/5/24	31.0	2.66	3.25	88	6	2.5	65.1	4.6	11.5	0.1
10	9	32000203B108	西岗牧场	荷斯坦	2010/9/26	5	2011/5/24	19.0	3.04	3.15	84	6	1.5	21.0	4.7	11.9	0.1
11	10	32000203B116	西岗牧场	荷斯坦	2010/12/7	5	2011/5/24	30.0	2.55	2.79	117	7	4.3	25.1	4.5	10.9	0.1
12	11	32000203B122	西岗牧场	荷斯坦	2010/9/5	5	2011/5/24	9.0	4.32	3.62	55	5	0.7	12.2	3.9	12.7	0.1
13	12	32000203B136	西岗牧场	荷斯坦	2009/10/25	4	2011/5/24	39.0	2.70	2.79	14	4	0.0	76.8	5.0	11.6	0.1
14	13	32000203B159	西岗牧场	荷斯坦	2010/11/2	4	2011/5/24	28.0	2.83	3.04	31	5	1.0	27.4	5.0	12.0	0.1
15	14	32000203B169	西岗牧场	荷斯坦	2010/9/5	4	2011/5/24	34.0	2.22	2.90	10	3	0.0	35.4	4.9	11.2	0.1
16	15	32000203B188	西岗牧场	荷斯坦	2010/10/12	5	2011/5/24	10.0	2.97	3.47	19	4	0.2	10.5	4.9	12.4	0.1
17	16	32000203B191	西岗牧场	荷斯坦	2009/5/22	3	2011/5/24	18.0	4.18	3.73	101	6	1.5	48.3	4.1	12.9	0.2
18	17	32000204B014	西岗牧场	荷斯坦	2010/10/29	4	2011/5/24	20.0	3.24	3.61	150	7	2.9	21.0	4.2	12.0	0.1
19	18	32000204B021	西岗牧场	荷斯坦	2008/12/5	3	2011/5/24	1.0	6.18	4.70	584	9	0.2	3.5	3.5	15.1	0.3
20	19	32000204B036	西岗牧场	荷斯坦	2010/9/11	4	2011/5/24	18.0	2.91	3.10	39	5	0.7	20.3	4.4	11.4	0.1
21	20	32000204B051	西岗牧场	荷斯坦	2009/10/25	4	2011/5/24	34.0	2.44	3.09	44	5	2.8	65.6	4.9	11.6	0.1
22	21	32000204B057	西岗牧场	荷斯坦	2009/5/19	3	2011/5/24	1.0									
23	22	32000204B067	西岗牧场	荷斯坦	2010/9/15	4	2011/5/24	28.0	4.28	3.47	15	4	0.0	37.2	4.8	13.5	0.2
24	23	32000204B073	西岗牧场	荷斯坦	2010/10/2	5	2011/5/24	22.0	3.21	3.19	272	8	3.1	24.5	4.6	12.0	0.0

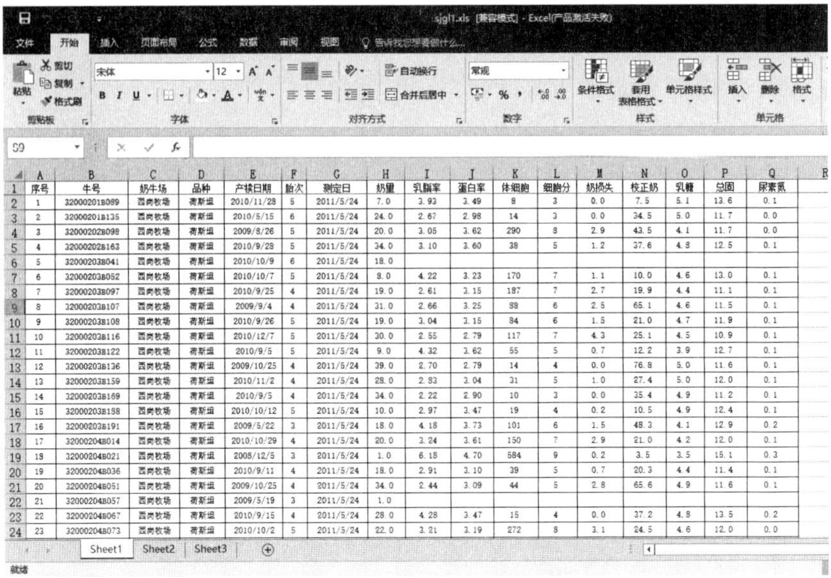

图 1-25　某奶牛场日常检查数据

SPSS for Windows 22.0 调用 Excel 工作表的操作过程如下：第一步，在 SPSS 打开“文件”对话框中下拉菜单“数据”，弹出“打开数据”对话框，选择路径，选择文件类型 Excel(.xls)，在文件列表中出现所有的 Excel 文件，选中文件 sjgl.xls，单击“打开”按钮，或双击所选 Excel 工作表文件。第二步，点击后出现打开 Excel 数据文件对话框（图 1-26）：上方的复选框用于确定单元格范围的第 1 行是否为变量名，本实验选定“从第一行数据读取变量名”；在“工作表”下拉列

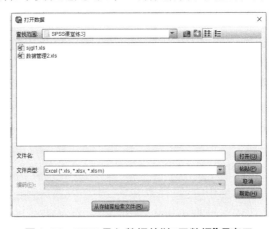

图 1-26　SPSS 导入数据的“打开数据”项窗口

表框中选择一个表,一般系统默认指定第一个工作表;在"范围"文本框中指定读取的数据的具体位置用单元格的起(左上角单元格名称,如 A2)止(右下角单元格名称,如 F5)位置来表示,中间用冒号":"隔开(注意在英文状态下输入冒号);指定完成后,单击"确定"按钮,数据就会被顺利地读入 SPSS 中。

图 1-27　SPSS 导入数据的"打开 Excel 数据源"项窗口

练习与作业

1. 输入课本张勤主编的《生物统计学》课后习题 100 尾小黄鱼体长数据,并保存提交。(适用于动物医学、动物科学专业学生)

2. 输入课本王钦德主编的《食品试验设计与统计分析基础》课后习题 120 瓶醋重量数据,并保存提交。(适用于食品科学专业学生)

3. 输入某奶牛场 30 头奶牛数据到 Excel 数据文件中,先保存命名为 sujuguanli1.xls 后导入 SPSS 并命名为 sujuguanli1.sav。

4. 输入某奶牛场 50 头奶牛数据到 SPSS 数据文件中,保存并命名数据文件为 sujuguanli2.sav 后提交。

第三节　SPSS 数据管理

本　节　要　点

◆ 了解 SPSS 软件数据管理的操作界面。

◆ 了解 SPSS 内部函数的原理和应用。

◆ 掌握编辑数据文件的菜单功能。

◆ 掌握数据的纵向合并过程。

◆ 掌握排序、选择、计算变量等过程。

一、基本运算理论

1. SPSS 基本运算

SPSS 基本运算包括:算术运算(即数学运算)、关系运算和逻辑运算。这些运算是通过相应的操作运算符号来实现的。运算符号见表 1-4。

表 1-4　SPSS 基本运算符号及其意义

算术运算符号及意义		关系运算符号及意义		逻辑运算符号及意义	
＋	加法	＝(EQ)	等于	&(AND)	与
－	减法	∽＝(NE)	不等于	│(OR)	或
＊	乘法	＞(GT)	大于	∽(NOT)	非
/	除法	＜(LT)	小于		
＊＊	乘幂	＞＝(GE)	大于等于		
( )	括号	＜＝(LE)	小于等于		

资料来源:沈渊. SPSS 17.0 统计分析及应用实验教程.杭州:浙江大学出版社,2013.第 2 章

2. SPSS 表达式

表达式是由运算符将常量、变量和函数连接在一起构成。根据运算符不同,表达式通常可分为:算术表达式、关系表达式、逻辑表达式三种形式。

(1) 算术表达式

算术表达式,即数学中的数学表达式,例如: $\log_{10} x + y$ 。算术表达式的运行结果为数值型变量。算术表达式的运算优先顺序依次为"括号、函数、幂(乘方)、乘或除、加或减",在同一优先级中计算按照从左至右的顺序执行。

(2) 关系表达式

关系表达式也称为比较表达式。它通过关系运算符将两个量(或表达式)连接起来,建立起它们之间的比较关系。如果比较关系成立,比较结果的值为逻辑值"True(真)",否则为"False(假)"。相互比较的两个量必须是同类型的量,比较结果都是逻辑常量。例如:假设 $A = 5$,那么比较表达式 $A > 2$ 为真,其逻辑值为 1;假设 $A = 5$,那么比较表达式 $A > 6$ 为假,其逻辑值为 0。表 1-4 中的比较算符与括号前的算符是等价的。例如: $A = 2$ 与 A EQ 2 是等价的。

(3) 逻辑表达式

逻辑运算符即布尔运算符。逻辑运算符与逻辑型的变量或其值为逻辑型

的比较表达式构成逻辑表达式,其值为逻辑型常量。表 1-4 中,括号前的运算符与括号中的运算符等价,例如:$A\&B$ 与 A AND B 是等价的。

3. SPSS 函数

SPSS 22.0 有 11 类 188 个内部函数,包括数学函数、统计函数、日期和时间函数、字符串函数、缺失值函数、逻辑函数等。函数表达方式是函数名加括号,括号里面是自变量和参数。调用函数之前必须明确对自变量和参数的要求,给参数赋予恰当的数值。

本实验教材通过"计算变量"过程来调用函数。计算公式为:目标变量=表达式。其中,表达式是算术运算与函数。

二、数据操作

1. 操作内容

SPSS 数据管理功能很多,大家如感兴趣可参考相关资料,这里我们主要对如下内容进行操作:

(1)将数据文件 sujuguanli1. sav 和 sujuguanli2. sav 纵向合并,保存为 sujuguanli12. sav。

(2)打开数据文件 sujuguanli12. sav,对奶量进行降序排序。

(3)打开数据文件 sujuguanli12. sav,选择奶量在 15.0~20.0 的奶牛数据。

(4)打开数据文件 sujuguanli12. sav,应用"计算变量"菜单计算奶量的对数。

2. 数据文件的纵向拼接

打开数据文件 sujuguanli1. sav,选择"数据"→"合并文件"→"添加个案"菜单项(图 1-28、图 1-29),并在第 1 个"打开的数据集"对话框中选择待合并的文件 xscj2. sav,点击"继续"打开"添加个案"对话框(图 1-30),单击"确定"按钮,即可实现"添加个案"的数据文件。实验结果如图 1-31 所示。

(1)"非成对变量(U)"列表框:该列表框中的变量名后面都标有 * 或+号, * 号表示该变量是当前活动数据集中的变量,+号表示该变量名是外部待合并数据文件中的变量。在默认情况下,如果一个变量名没有在两个文件中同时出现,如本例中的变量"filter_$(*)",则 SPSS 会认为这些变量不是待合并的两个文件所共有的,无法被系统自动对应匹配,因此它们不会自动合并成为新数据文件中的变量。

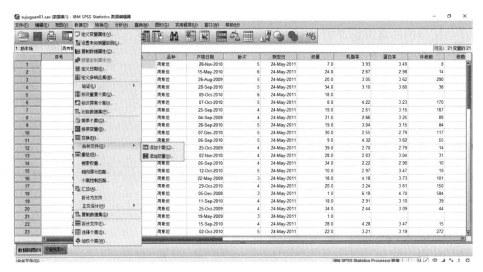

图 1-28　SPSS"数据"菜单下的"合并文件"选项

图 1-29　SPSS"将个案添加到 sujuguanli1.sav　　　　图 1-30　"添加个案"窗口
　　　　　［数据集 1］"窗口

（2）"新的活动数据集中的变量(V)"列表框：在该列表框中，两个待合并的数据文件中共有的变量名会被 SPSS 默认它们具有相同的数据含义，并自动对应匹配，出现在本变量列表框中。本例中的"序号、牛号、奶牛场、品种、产犊日期、胎次、测定日、奶量、乳脂率"是两个数据文件中共有的变量，数据合并到新数据文件中。如果需要修改默认设置，可以将它们剔除到"非成对变量"列表框中。

（3）强行配对：如果两文件中两个不同变量名实际为同一个变量，希望 SPSS 能够将它们合并到新的活动数据集中，首先将其同时选中，然后单击中部的“配对”按钮强行配对，从而将其选入新数据集变量表框中。此时 SPSS 会默认新变量名称按照当前文件中相应变量的名称来设定。

（4）“重命名”按钮：如果希望新数据集中的变量名与先前不同，则可以先单击“重命名”按钮改名后再选入。

（5）“将个案源表示为变量”：如果希望在合并后的数据文件中能够看出该变量记录来自合并前的哪个 SPSS 数据文件，只需选中该复选框，则合并后的数据文件中将自动出现名为“源 01”的变量，取值为 0 或 1。0 表示该记录来自第 1 个数据文件，1 表示该记录来自第 2 个数据文件。

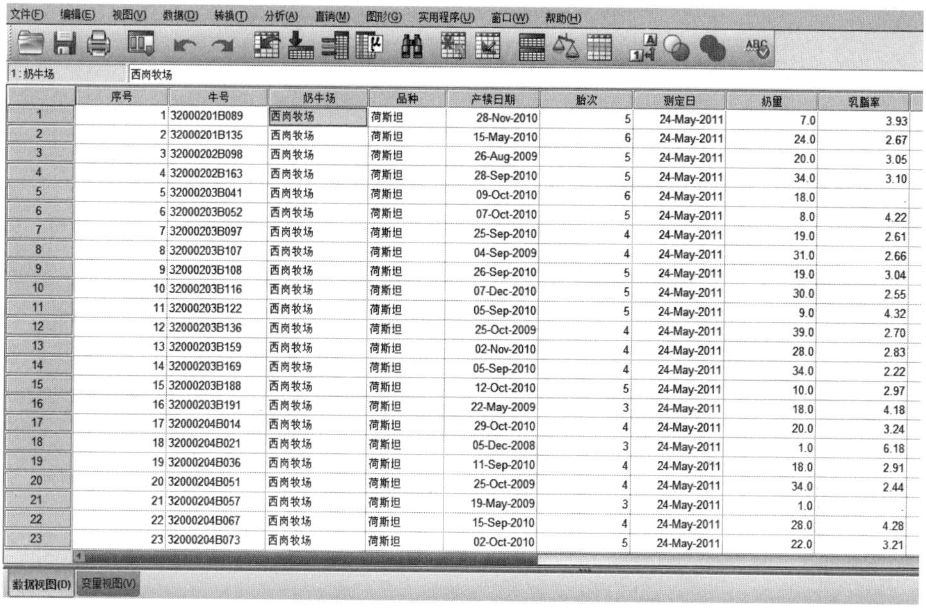

	序号	牛号	奶牛场	品种	产犊日期	胎次	测定日	奶量	乳脂率
1	1	32000201B089	西岗牧场	荷斯坦	28-Nov-2010	5	24-May-2011	7.0	3.93
2	2	32000201B135	西岗牧场	荷斯坦	15-May-2010	6	24-May-2011	24.0	2.67
3	3	32000202B098	西岗牧场	荷斯坦	26-Aug-2009	5	24-May-2011	20.0	3.05
4	4	32000202B163	西岗牧场	荷斯坦	28-Sep-2010	5	24-May-2011	34.0	3.10
5	5	32000203B041	西岗牧场	荷斯坦	09-Oct-2010	6	24-May-2011	18.0	.
6	6	32000203B052	西岗牧场	荷斯坦	07-Oct-2010	5	24-May-2011	8.0	4.22
7	7	32000203B097	西岗牧场	荷斯坦	25-Sep-2010	4	24-May-2011	19.0	2.61
8	8	32000203B107	西岗牧场	荷斯坦	04-Sep-2009	4	24-May-2011	31.0	2.66
9	9	32000203B108	西岗牧场	荷斯坦	26-Sep-2010	5	24-May-2011	19.0	3.04
10	10	32000203B116	西岗牧场	荷斯坦	07-Dec-2010	5	24-May-2011	30.0	2.55
11	11	32000203B122	西岗牧场	荷斯坦	05-Sep-2010	5	24-May-2011	9.0	4.32
12	12	32000203B136	西岗牧场	荷斯坦	25-Oct-2009	4	24-May-2011	39.0	2.70
13	13	32000203B159	西岗牧场	荷斯坦	02-Nov-2010	4	24-May-2011	28.0	2.83
14	14	32000203B169	西岗牧场	荷斯坦	05-Sep-2010	4	24-May-2011	34.0	2.22
15	15	32000203B188	西岗牧场	荷斯坦	12-Oct-2010	5	24-May-2011	10.0	2.97
16	16	32000203B191	西岗牧场	荷斯坦	22-May-2009	3	24-May-2011	18.0	4.18
17	17	32000204B014	西岗牧场	荷斯坦	29-Oct-2010	4	24-May-2011	20.0	3.24
18	18	32000204B021	西岗牧场	荷斯坦	05-Dec-2008	3	24-May-2011	1.0	6.18
19	19	32000204B036	西岗牧场	荷斯坦	11-Sep-2010	4	24-May-2011	18.0	2.91
20	20	32000204B051	西岗牧场	荷斯坦	25-Oct-2009	4	24-May-2011	34.0	2.44
21	21	32000204B057	西岗牧场	荷斯坦	19-May-2009	3	24-May-2011	1.0	.
22	22	32000204B067	西岗牧场	荷斯坦	15-Sep-2010	4	24-May-2011	28.0	4.28
23	23	32000204B073	西岗牧场	荷斯坦	02-Oct-2010	5	24-May-2011	22.0	3.21

图 1-31　“添加个案”结果数据文件

3. 排序

如果进行单变量排序，有一种简易操作方法，就是在数据表格的变量名处右击，弹出的快捷菜单中的两项就是“升序排列”和“降序排列”（图 1-32）。

但是，如果进行多变量排序，则需要使用 “排序个案”对话框来进行操作。打开数据文件 sujuguanli12.sav，选择“数据”→“排序个案”（图 1-33），打开“排序个案”对话框，如图 1-34 所示。

从原变量列表中选择“奶量”变量，单击中间的箭头按钮将它移入右边“排序依据”框中。在“排列顺序”栏中选择“降序”排序方式。最后单击“确定”按钮，返回数据窗口，则数据窗口内显示分类排序后的结果，结果如图 1-35 所示。

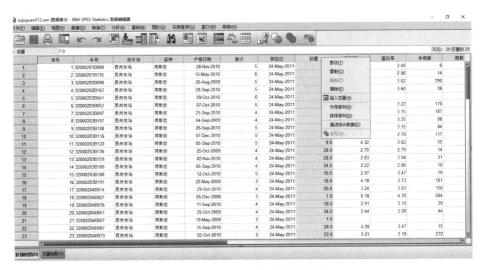

图 1-32　SPSS 变量名快捷菜单

图 1-33　SPSS"数据"菜单下的"排序个案"选项

图1-34　"排序个案"窗口

在多重排序中,需要注意以下几点:

(1)选择多个排序变量时,指定排序变量名的次序很重要,先指定的变量在排序时要优先于后指定的变量。即数据文件结果首先按第1个变量进行排序,对于第1个变量的取值相同的记录再考虑按第2个变量排序,依次类推。

(2)排序顺序可以指定按某变量值升序排序的同时按另一变量值降序排序,或相反。本例将"奶量"选入"排序依据"中,"排序顺序"选择"降序";"乳脂率"选入"排序依据"中,"排序顺序"选择"升序"。排序结果见图1-35。

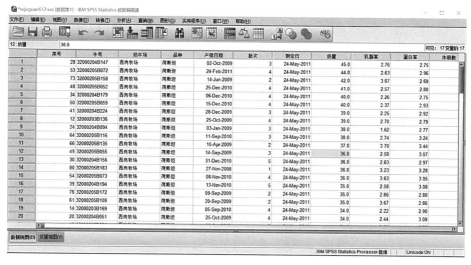

图1-35　"排序个案"结果数据文件

（3）排序以后，原始记录数据的排列次序将被打乱。因此，在注重时间序列的数据中，如果原始数据中没有存放如序号、年份等记录标志的变量，则需要注意保存好原数据的排列顺序，排列后数据可以采用"另存为"菜单保存排序后数据，以免造成与原始数据混乱的结果。

4. 选择个案

"选择个案"对话框主要由左边的"源变量"框，右边的"选择"框组和"输出"框组组成（图 1-37），窗口右上侧的"选择"单选按钮组可用于确定个案的筛选方式，默认的"所有个案（A）"是不做筛选的（即使用全部个案），其余选择方式需要从原数据中按某种条件抽样、基于时间或个案全距或者使用筛选指示变量来选择记录。窗口右下侧的"输出"单选按钮组用于将筛选后未选中个案的处理方式，默认的是"过滤掉未选定的个案（F）"。

打开数据文件 sujuguanli12.sav，选择"数据"→"选择个案"菜单项（图 1-36），打开"选择个案"对话框（图 1-37），选中"如果条件满足（C）"，点击"如果（I）…"按钮，打开"选择个案:if"对话框，在表达式栏里输入本次实验选择个案的条件表达式"15＜奶量＜20"（图 1-38），单击"继续"按钮返回主对话框，在输出选项中选择默认的"过滤掉未选中个案（F）"，单击"确定"按钮，选择结果如图 1-39所示。

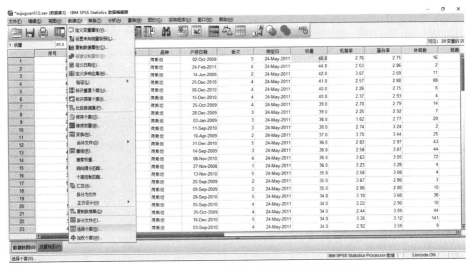

图 1-36　SPSS"数据"菜单下的"选择个案"选项

图 1-37 "选择个案"窗口

"选择"框组设定条件的选择方式包含以下几种：

（1）如果条件满足

用于设定分析满足所指定条件的记录，单击下方的"如果（I）…"按钮会打开"选择个案：if"对话框，用于定义筛选条件。左框是包含数据文件全部变量的源变量框。右上侧的"数字表达式"文本框可用于输入选择个案的条件表达式，本例在表达式栏里输入选择个案的条件表达式"15＜奶量＜20"。输入表达式除了使用计算机的硬键盘外，还可以使用对话框中部的软键盘，可以借助鼠标按键输入数字和符号。位于软键盘右侧和下侧，分别是"函数组（G）"列表框、"函数和特殊变量（F）"列表框、函数解释文字文本框，点击"函数组（G）"列表框和"函数和特殊变量（F）"列表框可以选中所需的 SPSS 函数，并可通过上方的箭头按钮选入到"数字表达式"文本框中。

（2）随机个案样本

点击下方的"样本（S）"按钮，弹出"选择个案：随机样本"对话框，可根据需要进行具体设定，可以从所有个案数据中按百分比选择个案数据，也可以精确设定从前若干个记录中抽取多少条记录。

（3）基于时间或个案全距

点击下方的"范围（N）"按钮，弹出"选择个案：范围"对话框，根据个案观测值的时间或记录序号来设定记录序号范围。

（4）使用过滤变量

此选择方式需要在下面选入一个筛选指示变量,该变量取值为非 0 的个案记录才能被选中,再进行后面的分析。

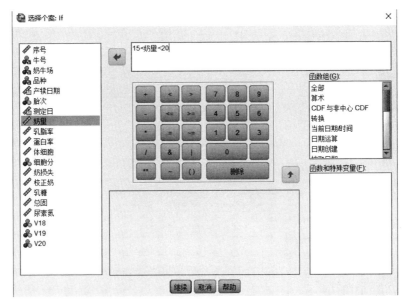

图 1-38 "选择个案:if"窗口

"输出"单选按钮组则用于选择对没有选中的记录的处理方式,有以下三种可供选择:

（1）过滤掉未选定的个案

该方式为系统默认的输出结果方式,此方式使未选定的个案不包括在分析中,但保留在原数据集中,在原数据文件中会生成一个名为 filter_ $ 的变量,对于选中个案该变量的值为 1,对于未选中个案该变量的值为 0,同时相应的未被选中的个案记录号也会被反斜杠标记。

（2）将选定个案复制到新数据集

选择这种输出结果方式,将选定的个案复制到新的数据集,不影响原始数据集。未被选中的个案记录不包含在新数据集中,而其在原始数据集中保持原状态。

（3）删除未选定个案

选择这种输出结果方式将直接从数据集中删除未选定个案。执行完这个操作后只有退出文件并且不保存任何更改,然后重新打开文件,才能恢复被删除的个案记录。如果保存了对数据文件的更改，将会永久删除个案。因此这个选项一般谨慎使用，以免造成无法弥补的损失。

对数据集进行筛选后，筛选功能将在以后的分析中一直存储在数据集中且有效，直到再次改变选择条件为止。

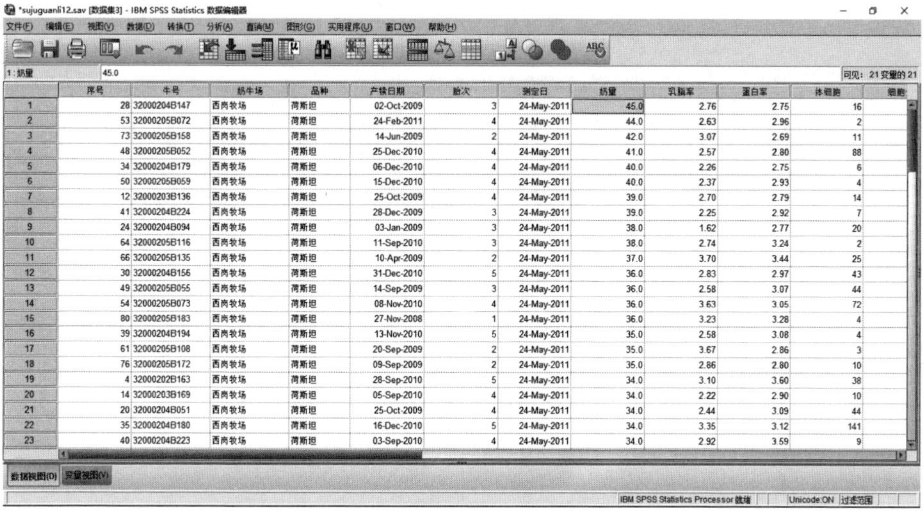

	序号	牛号	奶牛场	品种	产犊日期	胎次	测定日	奶量	乳脂率	蛋白率	体细胞	细胞
1	28	32000204B147	西岗牧场	荷斯坦	02-Oct-2009	3	24-May-2011	45.0	2.76	2.75	16	
2	53	32000205B072	西岗牧场	荷斯坦	24-Feb-2011	4	24-May-2011	44.0	2.63	2.96	2	
3	73	32000205B158	西岗牧场	荷斯坦	14-Jun-2009	2	24-May-2011	42.0	3.07	2.69	11	
4	48	32000205B052	西岗牧场	荷斯坦	25-Dec-2010	4	24-May-2011	41.0	2.57	2.80	88	
5	34	32000204B179	西岗牧场	荷斯坦	06-Dec-2010	4	24-May-2011	40.0	2.26	2.75	6	
6	50	32000205B059	西岗牧场	荷斯坦	15-Dec-2010	4	24-May-2011	40.0	2.37	2.93	4	
7	12	32000203B136	西岗牧场	荷斯坦	25-Oct-2009	4	24-May-2011	39.0	2.70	2.79	14	
8	41	32000204B224	西岗牧场	荷斯坦	28-Dec-2009	3	24-May-2011	39.0	2.25	2.92	7	
9	24	32000204B094	西岗牧场	荷斯坦	03-Jan-2009	3	24-May-2011	38.0	1.62	2.77	20	
10	64	32000205B116	西岗牧场	荷斯坦	11-Sep-2010	3	24-May-2011	38.0	2.74	3.24	2	
11	66	32000205B135	西岗牧场	荷斯坦	10-Apr-2009	2	24-May-2011	37.0	3.70	3.44	25	
12	30	32000204B156	西岗牧场	荷斯坦	31-Dec-2010	5	24-May-2011	36.0	2.83	2.97	43	
13	49	32000205B055	西岗牧场	荷斯坦	14-Sep-2009	3	24-May-2011	36.0	2.58	3.07	44	
14	54	32000205B073	西岗牧场	荷斯坦	08-Nov-2010	4	24-May-2011	36.0	3.63	3.05	72	
15	80	32000205B183	西岗牧场	荷斯坦	27-Nov-2008	1	24-May-2011	36.0	3.23	3.28	4	
16	39	32000204B194	西岗牧场	荷斯坦	13-Nov-2010	5	24-May-2011	35.0	2.58	3.08	4	
17	61	32000205B108	西岗牧场	荷斯坦	20-Sep-2009	2	24-May-2011	35.0	3.67	2.86	3	
18	76	32000205B172	西岗牧场	荷斯坦	09-Sep-2009	2	24-May-2011	35.0	2.86	2.80	10	
19	4	32000202B163	西岗牧场	荷斯坦	28-Sep-2010	5	24-May-2011	34.0	3.10	3.60	38	
20	14	32000203B169	西岗牧场	荷斯坦	05-Sep-2010	4	24-May-2011	34.0	2.22	2.90	10	
21	20	32000204B051	西岗牧场	荷斯坦	25-Oct-2009	4	24-May-2011	34.0	2.44	3.09	44	
22	35	32000204B180	西岗牧场	荷斯坦	16-Dec-2010	5	24-May-2011	34.0	3.35	3.12	141	
23	40	32000204B223	西岗牧场	荷斯坦	03-Sep-2010	4	24-May-2011	34.0	2.92	3.59	9	

图 1-39　“选择个案”结果数据文件

5. 计算变量

在 SPSS 中，变量赋值主要是通过“计算变量”过程来实现的。打开数据文件 sujuguanli12.sav，选择“转换”→“计算变量”菜单项（图 1-40），打开“计算变量”对话框，如图 1-41 所示。在“目标变量”栏中定义目标变量，本例在此栏中输入“奶量对数”。单击“类型与标签”按钮，打开如图 1-42 所示的类型和标签对话框，对新变量定义完标签后，点击“继续”按钮，返回主对话框，输入计算表达式，本例调用 SPSS 函数 lg10，从“函数组”中选择“算术”，“函数和特殊变量(F)”中选择“lg10”，双击鼠标左键或单击该栏上方的箭头按钮将选中者移入表达式栏。本例将“奶量”输入到函数 lg10 中，单击“确定”按钮，实验结果如图 1-43 所示。

（1）“目标变量”框：用于输入需要赋值的变量名，下方的“类型与标签(L)”按钮就会变黑，点击按钮，打开“计算变量：类型和标签”对话框，可以对变量进行标签和类型的具体定义，默认是“数值型”，大多数情况下都是不需要更改的。

（2）候选变量列表：位于“目标变量”文本框下方，包含数据文件中所有变量，可以用鼠标调用右侧的变量移动钮将选中变量移入右侧的“数字表达式”文本框中，本例将“奶量”调入到函数 lg10 中。

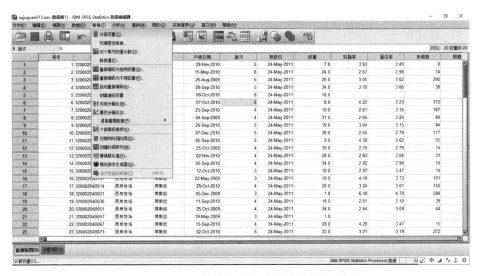

图 1-40　SPSS"转换"菜单下的"计算变量"选项

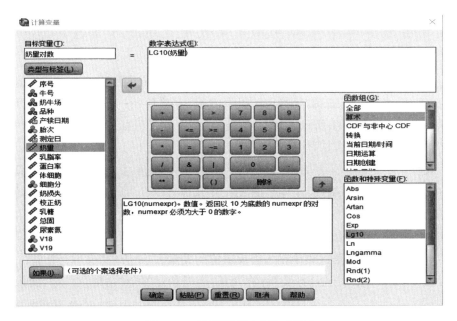

图 1-41　SPSS"计算变量"对话框

图 1-42　SPSS"计算变量:类型和标签"对话框

（3）"数字表达式"文本框:用于给目标变量赋值。

（4）软键盘:位于对话框中部,与前述"选择个案"中"如果条件满足"对话框相同。

（5）函数列表:位于软键盘右侧和下侧,分为"函数组"列表框、"函数和特殊变量"列表框、函数解释文字文本框 3 部分,与前述"选择个案"中"如果条件满足"对话框相似,可以在这里找到并使用所需的 SPSS 函数,本例图示从"函数组"中选择"算术",从"函数和特殊变量（F）"中选择"lg10"函数。

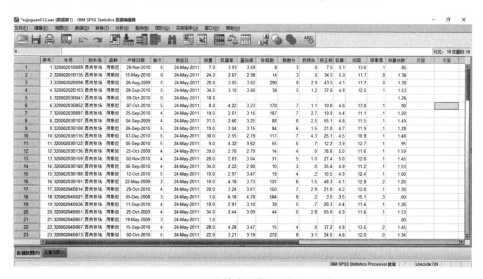

图 1-43　"计算变量"结果数据文件

练习与作业

1. 输入某奶牛场数据到 SPSS 数据文件中,保存文件名 sujuguanli1.sav 和 sujuguanli2.sav。

2. 将数据文件 sujuguanli1. sav 和 sujuguanli2. sav 纵向合并,保存为 sujuguanli12.sav。

3. 打开数据文件 sujuguanli12.sav,对蛋白率进行升序排序。

4. 打开数据文件 sujuguanli12.sav,选择蛋白率在 2.0～3.0 的奶牛数据。

5. 打开数据文件 sujuguanli12.sav,应用"计算变量"菜单计算蛋白率的概率分布函数。

第二章　R 简介与基本数据操作

第一节　R 简介与安装

一、R 简介

R 语言是一种专门用于统计和作图的解释型环境系统语言,遵循免费 GNU 开源软件许可,目前 R 语言可以运行在主流的类 Unix 或 Linux、Mac、Windows 系统上。由于它的开源性,经过在科研界近 30 年的推广和发展,R 已经接近成熟。

近些年,随着大数据产业的不断发展,R 的优势不断显示出来,它的特点有:

(1) 免费开源:显然对于安装商业软件需要动辄上千元的价格来说,开源软件可以解决初学者的囊中羞涩的问题,且 GNU 协议不会强迫对使用 R 计算结果的科研人员进行版权收费。

(2) 功能全面:由于 R 的开源特性,任何人都可以对一个新功能进行修改(然后提交给维护团队进行审核,最后发布),所以来自全世界的 R 用户(多数是统计学者或者专家)对 R 的功能进行不断强化和扩充。因此对于专业用户来说 R 甚至比老牌的 SPSS、SAS 等软件还要强大可靠。

(3) 无感更新:R 的更新是补丁式的,而且每周都会有数以千计的新功能加进 R 的家庭中,只有你在使用时才会去主动更新,而不是像 Windows 那样一更新就是好几个小时。

(4) 制图美观强大:R 使用了一些预制的方式美化了 R 做出来的图形,各种复杂图形均可以通过几行命令做出。

(5) 易获取数据:R 可以从各种软件格式导入数据,也可以通过网页爬虫在各个网站上获取数据。

(6) 试错编程:R 语言由于是解释性语言,因此可以一步步地考虑如何处理当前得到的数据,直到你认为当前数据处理得没有问题再进行下一步的处理。而且你还可以在完成每一步的同时查看这一步处理的结果。

(7) 跨平台:R 可以在已知的三大操作系统上安装和使用,也就是说同样的代码在 Windows 上编写,然后可以不加修改地直接运行在 Linux 上或者苹果电脑上。

(8) 嵌入式:R 可以被整合到其他语言中,如 C、Python、SPSS 里。

(9) 云计算:R 被设计成可以在大型机上运行,可以处理 TB 级以上的大数据。这对于企业来说很关键,因为 R 默认不提供傻瓜式的界面(可以 Rstudio 作为界面),需要运用人员有一定的科学素养,这样就会把精力集中在效率上,而不用担心死机。

从上面的最后一条可以看出,学习 R 仍然需要一定的基础,因为 R 默认的目标用户是具有一定数学和编程知识的人员。

本实验教材在编写时会将这些数学概念和编程方法反复告知读者,便于读者在零基础上能够掌握和学习 R。当然读者必须掌握一定的高中知识否则无法看懂一些统计学知识。同时针对教学的实际用途,我们设定本书的环境是 Windows。

二、R 安装与编程软件

1. 安装

在安装 R 前首先我们需要下载 R 软件,国内同济大学镜像网址为:

  https://mirrors.tuna.tsinghua.edu.cn/CRAN/bin/windows/base/

然后点击:(编写本书时为 3.5.1 版本)

Download R3.5.1forWindows(62megabytes,32/64bit)

下载到桌面,鼠标双击安装文件 R-3.5.1-win.exe,(在弹出的安全检查窗口点击"是")并傻瓜式安装①,只需要直接点击"下一步",直到完成安装,关闭所有窗口。

为了便于学习,我们下面需要安装另外一个软件 Rstudio,它的地址是:

https://www.rstudio.com/products/rstudio/download/#download

点击 Installers(安装包)下的:

RStudio1.1.456-WindowsVista/7/8/10

_____

① R 默认安装在 C:\\Program Files\\R\\R-3.5.1

保存到桌面并同 R 的安装方式一样直接安装。安装完成后桌面上会出现图标：🅡，这个图标就是 Rstudio 的快捷方式，我们后续的学习就是在这个软件下完成。

2. Rstudio 界面介绍

安装完成后我们需要测试下安装是否成功。

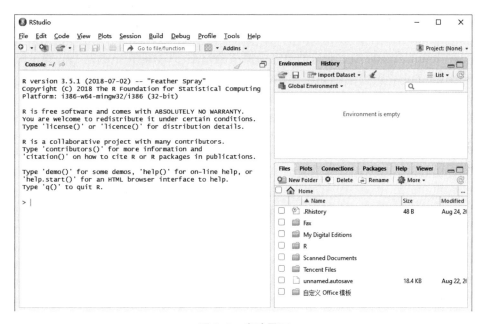

图 2-1　启动界面

双击 Rstudio 图标，如果出现如图 2-1 所示界面且左边出现了版本信息，说明安装是成功的：

R version 3.5.1 (2018-07-02) —— "Feather Spray"

在日常使用中我们可能是这样分配界面的：代码编码区与命令提示区在同一列，环境和文件以及出图在右边一列，日常使用完全足够。我们只介绍其中几个主要的部分和它们对应的中文名称：

Console(控制台，又称终端)：在控制台里我们可以直接输入命令，然后运行程序，它会显示出运行的状态和结果。在控制台中提示输入命令的地方通常以一个向右的尖括号">"开始。

Environment(环境)：这里主要是导入和显示在当前环境下保存的所有变量和其对应的属性。适当时候可以直接用鼠标双击打开。这里也是从文本和其他数据库导入数据的场所。

Files(文件)：这里主要是设置当前工作目录，查看当前工作目录下存在的文件，并提供了一些简单的文件操作命令。

Plots(作图)：这里是显示程序运行出来的结果图像的，另外也包含了图像的保存和预览等功能。

Help(帮助)：这里主要是显示一些帮助文档(目前全部是英文的，如果读者英文较好可以查看这些帮助文档)。

上面的几个标签上对应的英文需要读者熟悉，其余的初学者并不需要了解太多，我们会在后面陆续介绍。

三、R 语言操作总体流程

在我们正式使用 R 进行基本的实验前我们需要搞清楚使用 R 的基本流程，数据的处理通常遵循这样的大体流程：

采集输入数据	处理分析数据	保存输出数据
1. 人工输入	1. 数据容错处理	
2. 数据库导入	2. 统计分析	1. 终端输出
3. 文件导入	3. 出图分析	2. 文件输出
4. 设备导入	4. 数据验证分析	3. 设备输出

也就是说对于处理一个问题，我们需要进行 3 大步的处理，总结起来就是：获取数据→分析数据→输出结果。为了方便理解，后文我们将按照这个流程进行介绍。

给初学者的建议

对于刚刚接触 R 语言的初学者，我们建议将 R 语言当作一种体验式学习，举例来说：

对于函数不太会用：找个例子，自己尝试复制，粘贴到终端中，然后运行，不断修改参数观察结果会怎样变化。

对于不会用的数据输入：可以统一采用先输入到文本，保存后再导入的方法，一种输入格式不行，再换另外一种。

对于出现错误：积极查找百度等搜索引擎，查看例子。

例如：我想知道 plot 的一些用法。

在对应的搜索引擎中应该输入的是(注意它们之间是用空格隔开)

R plot　使用

对于输入数据不显示:我们推荐使用 UTF8 编码。

输入数据文本的软件:NotePad ++ 。

自己编写的代码:每次运行,如果结果看上去不错,复制出来并保存,最后加上注释,因为你不能保证下个月,你还能看懂自己写的内容。

Rstudio 程序错误,重新启动程序再来一次。

第二节　创建数据与获取数据

一、数据集的基本概念

数据集通常是由基本类型数据构成的一个矩形数组,这样的数值可能当时表现为一个表格、一组数值、一个列表或者一个多维数组,由于它的形式多样,为了便于管理和实际操作,R 中将能够分割的一类数据称为数据结构,注意这里的数据结构与计算机专业的数据结构有相似之处但是又有一定区别。

例如,我们通常会得到这样形式的实际采样数据(见表 2-1):

表 2-1　一组学生身高与性别的数据

学号 sno	性别 sex	身高 height	学号 sno	性别 sex	身高 height	学号 sno	性别 sex	身高 height
1	女	155	7	男	174	13	女	166
2	男	170	8	男	172	14	女	170
3	男	168	9	女	170	15	男	177
4	女	165	10	男	168	16	女	160
5	男	182	11	男	180	17	女	163
6	男	171	12	男	175	18	女	153

这也是一个数据表格,标明了学号、性别、身高这样几个列,显然学号是用整数表示的(有些学号前通常会加字母,那么此时学号使用一串字母表示,也就是字符串),性别是用汉字表示的,身高是用整数表示的。

我们将一个表格按照不同的记录方式分别用不同类型的方式记录,这样的不同的格式就是数据类型。我们实际常见的记录方式有单个字符、字符串、整数、小数,有时还会使用诸如图片、录音、实物方式记录。

但是在数据处理中由于技术限制,我们只能用前面的单个字符、字符串、整数、小数四种最基本类型去实际存储在计算机中,而图片等存储也是通过转变后的一串很长的字符串进行实际存储的。

这就要求我们实际记录的表格必须转化为基本类型,这部分可以参考本书"二、原始采集与录入存储"。本节我们将重点介绍在基本数据类型上扩展的一些 R 中使用的数据形式。

1. 组合序列 Combine Values

组合序列实际上是一个杂合的概念,有时这个组合序列被称为向量(当序列里只有整数时),也就是我们将数据排成有序的一列,这一列中可以包含小数、整数、字符串或者任意组合类型。例如:我们想表达一串整数 1,2,3,4,5,那么可以使用:

```
c(1,2,3,4,5)      ♯生成一个 1 到 5 的整数序列
c(1:5)            ♯同样生成一个 1 到 5 的整数序列
```

注:这一行 ♯ 后面的内容称为注释(不可以理解为下一行也被注释,注释只对 ♯ 号后的且与 ♯ 在一行的后面的部分有效),或者说明,通常是为了便于程序的理解和查阅,计算机通常在运行时直接忽略它,因此在小规模编程时可以不用输入 ♯ 以及后面的文字。

都能得到结果:[1] 1 2 3 4 5

又如我们先输入一串字符:

```
c('a','b','c')      ♯获得字符 a,b,c
[1] "a" "b" "c"
```

我们也可以得到组合序列

```
c(1,2,0.12,'b')      ♯得到一个混合类型的序列
[1] "1"    "2"    "0.12" "b"
```

注:我们发现组合序列对于整数和小数会在输出的结果中不加双引号,而对于混合序列它通常会转化为字符处理。

那么我们想要访问已经存储的组合序列的结果应该如何操作呢? 首先需要明白一个概念:我们直接调用 c('a','b','c')时,这个函数会直接在控制终端输出结果,也就是说我们这样的操作结果并不会将结果存储在电脑里以备下一次使用,因此我们需要将它存储起来,也就是将它送到一个变量中存储,或者送到一个标有名字的地方存储起来。

```
data <- c('a','b','c')      ♯将字符组合队列存储到 data 这个名称的变量里面
```

注:data 是我们随意命名的,只要不和其他变量重复即可。你也可以把它写成 d 或者

sa 或者 temp♯,只要开头不是数字或者开头只能以下划线 _ 开始,均为合法变量名。

由于存储的序列有了自己的名称,因而是可以进行访问的,比如我们想访问'b',那么由于在序列中是第二个位置,因此直接可以使用:

data[2]　　　♯访问第二个元素

[1] "b"　　　♯注意结果前面的[1]表示结果的第一个值的序号

2. 矩阵 Matrix

矩阵是一个二维数组,要求每个元素都拥有相同的基本数据类型(数值型、字符型或逻辑型)。可以通过函数 matrix 创建矩阵。一般使用格式为:

matrix(data = NA, nrow = 1, ncol = 1, byrow = FALSE, dimnames = NULL)

♯给定的数据、行数、列数,按行填写数据(默认为否)、行列名称

其中 data 包含了矩阵的元素(默认为 NA,也就是没有数据),nrow 和 ncol 用以指定行和列的维数(默认为 1,也就是一行一列),选项 byrow 是表明矩阵应当按行填充(byrow＝TRUE)还是按列填充(byrow＝FALSE)这个默认情况,dimnames 包含了可选的、以字符型向量表示的行名和列名。

为了便于理解我们举例说明:

现在有数据 A,我们想将它转化为 4 行 3 列的数据(4×3)并存到 B 变量中去。

代码:

A <- c(1:12) ♯生成 1 到 12 的整数序列

查询结果:

>A ♯查询 A 中情况

[1]　1　2　3　4　5　6　7　8　9　10　11　12

(1)我们现在将数据用矩阵函数转化为 4×3 的矩阵

代码:

matrix(A,4,3,byrow = FALSE,dimnames = NULL)

直接显示的结果

　　　[,1]　[,2]　[,3]

[1,]　1　　5　　9

[2,]　2　　6　　10

[3,]　3　　7　　11

[4,]　4　　8　　12

注:我们并没有将矩阵的结果存储起来,所以这个代码执行的结果就直接显示出来了。行号用[1,]表示,其实这也提示我们,如果存储这个结果,访问这一行或者一列也是这样的方法。

如果我们想访问 7 这个元素,我们发现它是第 3 行第 2 列,那么我们就可以先将矩阵存储到变量中,然后使用下标[3,2]访问:

代码:

```
d <- matrix(A,4,3,byrow = FALSE,dimnames = NULL)
d[3,2]
```

结果:

[1] 7

(2) 另外我们也发现代码中默认的部分我们也写出来了,但是这其实没有必要,上面的代码可以简写为:

```
matrix(A,4,3) #简写形式
```

但是如果我们又想给行列命名,那么 byrow 是不是也必须加上呢? 答案是你想修改哪个默认值,只要加上即可,其他你不想修改的默认值直接忽略即可。

例如我们给上面的 4×3 的矩阵的行命名成 a,b,c,d,列命名成 x,y,z

代码:

```
matrix(A,4,3,dimnames = list(c('a','b','c','d'),c('x','y','z')))
                              # 行名称           列名称
```

直接显示的结果:

```
  x y z
a 1 5 9
b 2 6 10
c 3 7 11
d 4 8 12
```

(3) 我们发现第一次的结果是按照列来摆放组合序列的,但是我们日常生活中通常是按照行的形式摆放的,只要修改 byrow=TRUE 或者改成 byrow=1 就可以实现:

代码:

```
matrix(A,4,3,byrow = 1)
```

直接显示的结果

```
     [,1] [,2] [,3]
[1,]   1    2    3
[2,]   4    5    6
[3,]   7    8    9
[4,]  10   11   12
```

3. 数组 Array

如果说矩阵只能是二维的,那么对于多维的数据我们只能用数组来表示,相反,数组可以表示一个二维矩阵。数组的用法与矩阵比较相似,具体调用方法为:

```
array(data = NA, dim = length(data), dimnames = NULL)
♯数据    维度表按照:页行、页列、页、表的长度,对应的维度的名称序列
```

一般而言我们很少会用到数组,但是我们仍然需要给出一个实例:

现在有 24 人,分配成 2 个组,每个组有 3 队,每队有 4 人,如果我们把 4 个人看作页行,3 队看作页列,2 组看作页那么实际上就是 2 个页表,每个页表里面是 4×3 的矩阵。

现在我们有 24 个标号的苹果,依次分配给每个人,那么代码为:

```
array(1:24,dim = c(4,3,2)) ♯4 行 3 列 2 组
```

注:我们可以不用变量,而是直接使用 1:24 来带入数据

直接显示的结果

```
, , 1           ♯第一组

     [,1]  [,2]  [,3]
[1,]   1     5     9
[2,]   2     6    10
[3,]   3     7    11
[4,]   4     8    12

, , 2           ♯第二组

     [,1]  [,2]  [,3]
[1,]  13    17    21
[2,]  14    18    22
[3,]  15    19    23
[4,]  16    20    24
```

四维或者更高维度的数据依旧按照这样的方式输入。特别需要注意的是数组默认的是按照列进行填充数据的。

4. 数据框 Data Frame

在 R 的数据处理中,数据框是使用最为频繁的,它与前面的矩阵极为相似,区别在于数据框的每一列的基本数据类型可能会不一样,而矩阵所有的列的数据是同一个类型。也就是说矩阵是一个特殊的数据框。

举例来说,我们通常将性别表示成字符 F(Female),M(Male),而身高通常表示成整数,成绩表示为小数,这就要求一个表格中对于不同列(数据库中称为

字段)需要不同的基本数据类型存储。

对于数据框的操作可以采用导入的方式(参见本章第三节相关内容),或者采用编程的方式输入(对于数据量不大,或者大量数据已经存储到一个变量里面,通常采用此方式),这里我们主要介绍编程方式输入。

在我们想要得到数据框前,首先确定一张表中各列的类型,如表 2-2 所示。

表 2-2　数据类型

stuNo	stuName	stuSex	stuScore
S01	Alex	M	73.5
S02	Smith	M	80.0
S03	John	M	Missing
S04	Jane	F	84.5

我们首先将各列输入到一个对应的列变量中,已知类型依次为字符串、字符串、字符、小数:

```
stuNo <- c("S01","S02","S03","S04")    #用""包围字符串并将组合序列保存到 stuNo

stuName <- c("Alex","Smith","John","Jane")    #将序列保存到变量 stuName

stuSex <- c("M","M","M","F")    #将序列保存到变量 stuSex

stuScore <- c(73.5,80.0,NA,84.5)    #保存到 stuScore,需特别注意的是缺考的部分用 NA 代替
```

注:实际获得数据中若存在缺失,比如这里的缺考,那么使用系统关键字 NA 来直接代替即可。

现在如果想要查看刚才的输入,直接在控制台中输入变量名称就可以查看,例如我们想查看 stuScore 的实际情况,那么有:

代码:

```
stuScore
```

直接显示的结果:

```
[1] 73.5  80.0   NA 84.5
```

同时我们在 Rstudio 中的环境也可看到多出来的已经存储的变量,如图 2-2 所示。

```
stuName     chr [1:4] "Alex" "Smith" "John" "Jane"
stuNo       chr [1:4] "S01" "S02" "S03" "S04"
stuScore    num [1:4] 73.5 80 NA 84.5
stuSex      chr [1:4] "M" "M" "M" "F"
```

图 2-2　环境变量

我们看到在每行中都给出了这列的数据类型,分别为 chr、chr、num、chr,也就是字符类型 chr 和数字类型 num。同时环境也给出了访问方式[1:4],也就是小标是从 1 到 4 依次访问的。

我们有了各列的数据后,现在要将它们组合成和上面表一样的数据框,我们只要使用 R 提供的函数就可以了:

代码:

```
data.frame(stuNo,stuName,stuSex,stuScore) ♯按照表格顺序填入变量名即可
```

直接显示的结果:

	stuNo	stuName	stuSex	stuScore
1	S01	Alex	M	73.5
2	S02	Smith	M	80.0
3	S03	John	M	NA
4	S04	Jane	F	84.5

这是直接显示的结果,我们需要将它保存在 R 中以备后面使用,那么直接将结果保存到变量中即可:

```
classScore <- data.frame(stuNo,stuName,stuSex,stuScore)
♯将结果保存到 classScore
```

此时我们在环境中可以看到数据框的存储样式:

classScore	4 obs. of 4 variables

可以看到“4 obs. of 4 variables”这句话的意思是一共有 4 行数据 obs.,每行有 4 个变量 variables,或者我们可以理解为 4 个字段 variables,每个字段有 4 个数据 obs.

用鼠标点击最右边的表格状小图标就可以直接查看它的样子,如图 2-3 所示。

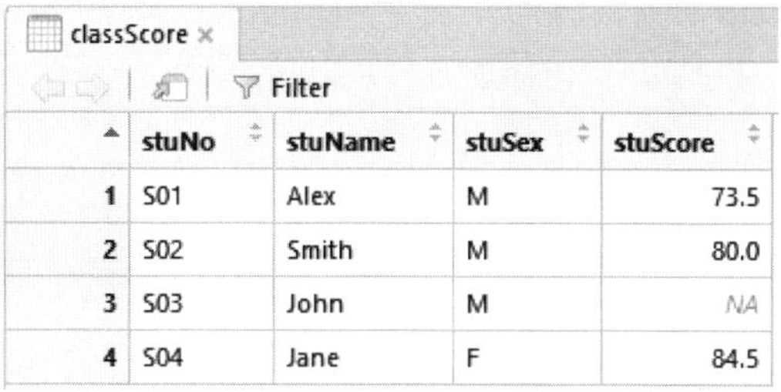

	stuNo	stuName	stuSex	stuScore
1	S01	Alex	M	73.5
2	S02	Smith	M	80.0
3	S03	John	M	NA
4	S04	Jane	F	84.5

图 2-3　查看数据

那么我们该如何访问数据框的数据呢?当我们存储了数据框后,可以使用字段名称来访问,在每个字段内使用序列的方式访问,例如我们想得到学生的

所有成绩可以使用：

代码：

```
classScore$stuScore    #数据框使用$来访问字段
```

直接显示的结果：

```
[1] 73.5  80.0   NA  84.5
```

若要访问第二行的学生成绩可以使用

代码：

```
classScore$stuScore[2]    #在字段内用序列下标访问具体值
```

直接显示的结果：

```
[1] 80
```

若要访问第二行的全部信息：

代码：

```
classScore[2]    #直接在数据框内用序列下标访问行
```

直接显示的结果：

	stuNo	stuName	stuSex	stuScore
2	S02	Smith	M	80

在数据框的操作中还有一个经常使用的方法，这个方法就是查询复合条件的结果。上面的例子是 4×4 的数据，量比较小，但是当数据量非常大时，查询的方法比较方便，例如我们想获取所有男生的信息，我们可以在序列访问内使用条件：

```
classScore$stuSex == "M"
```

代码：

```
classScore[classScore$stuSex == "M",]  #直接在数据框内用序列下标筛选
```

直接显示的结果：

	stuNo	stuName	stuSex	stuScore
1	S01	Alex	M	73.5
2	S02	Smith	M	80.0
3	S03	John	M	NA

注：== 表示判断等于，> 表示判断大于，< 表示判断小于，>= 表示大于等于，<= 表示小于等于，!= 表示不等于，另外要特别注意在行选时，条件后面有一个逗号不可忽略。

我们也可以查询成绩大于 80 分的，那么对应的代码为：

```
classScore[classScore$stuScore > 80,]
```

5. 因子 Factor

因子是为了便于大量重复数据存储而单独设计出来的一种数据格式,当我们需要对 10 个人的性别进行存储时我们可以直接使用字符 M,F 来存储,但是当有 10 万人的性别需要存储时改用 1,0 会节约 60%～80%的硬盘空间。

为了便于理解因子的概念,我们给出一组下面的数据(10 个人祖籍省份):

江苏	浙江	江苏	安徽	安徽	江苏	安徽	浙江	江苏	江苏

我们发现里面重复出现三个省份:江苏、浙江、安徽,我们把这几个重复出现的数据称为因子水平 Levels。

现在我们对因子水平进行编号:1:安徽;2:江苏;3:浙江,那么数字 1,2,3 称为因子水平编码。

我们将上面给出的数据用因子水平编码进行标注,那么得到转化后的因子:

Levels:1:安徽;2:江苏;3:浙江	数据:	2	3	2	1	1	2	1	3	2	2

也就是说,一组数据如果表示成因子,那么它就会利用少数几个水平去变相地表达一组数据,从而节约存储。在 R 中可以使用因子函数来得到因子数据:

我们先将数据存储,然后转化为因子形式:

```
data <- c("江苏","浙江","江苏","安徽","安徽","江苏","安徽","浙江","江苏",
"江苏")
```

将它转化为因子存储:

代码:

```
factor(data)
```

直接输出结果:

```
[1] 江苏 浙江 江苏 安徽 安徽 江苏 安徽 浙江 江苏 江苏
Levels:安徽 江苏 浙江
```

我们将因子化的结果存储在 dataF 中:

```
- dataF <- factor(data) #转化为因子存储
```

现在可以在环境变量中看到它的具体存储方式了:

data	chr [1:10] "江苏" "浙江" "江苏" "安徽" "安徽" "江苏" "安徽" "浙江" "江苏" "江苏"
dataF	Factor w/ 3 levels "安徽","江苏",..: 2 3 2 1 1 2 1 3 2 2

它的访问方式和序列是一样的。

6. 列表 List

在 R 中提供了一个比较特别的数据存储形式，那就是列表，列表不同于我们在其他计算机语言中学习的形式。为了便于理解，我们把一个正常的人想象成具有下面的一些属性和事物：

Alex Henry 这个男生的五门成绩分别为 60.5, 70.5, 63.5, 90, 77，他在图书馆借了两本杂志叫 *Times* 和 *New York*，用表格形式表示如下：

Name	Alex Henry
Sex	M
Scores	60.5，70.5，63.5，90，77
Books	*Times*，*NewYork*

我们发现无法直接使用前面的方式直接将这些大小长度不同的数据直接存储，此时列表的优势就体现出来了。

首先将数据分别存储在不同的变量中：

```
Name <- "Alex Henry"
#由于只有一个量，因而不需要使用序列，当然也可以使用序列存储
Sex <- "M"
Scores <- c(60.5,70.5,63.5,90,77)
Books <- c("Times","NewYork")
```

将它们存储在列表中，并将这个列表命名为"AlexInf"：

```
AlexInf <- list(Name,Sex,Scores,Books)  #将这些信息存在列表 AlexInf 中
```

然后再环境变量中就会出现：

AlexInf	List of 4	

我们可以点击右边的放大镜小图标查看存储样式：

AlexInf	list [4]	List of length 4
[[1]]	character [1]	'Alex Henry'
[[2]]	character [1]	'M'
[[3]]	double [5]	60.5 70.5 63.5 90.0 77.0
[[4]]	character [2]	'Times' 'NewYork'

这里列表数据的存储样式也给出了访问方法，显然列表只能用下标访问，例如我们想访问成绩，那么：

代码：

```
AlexInf[[3]]
```

输出结果：

[[1]]

[1] 60.5　70.5　63.5　90.0　77.0

如果想访问第四个成绩那么可以通过代码：AlexInf[[3]][4]来访问。

二、原始采集与录入存储

R 中获取数据的方式有很多种，我们最原始的方法就是通过键盘输入，这种方法是比较烦琐的，但是初级的数据往往是通过这样笨拙的手段得到的。最典型的获取方法就是将数据输入到微软的 Excel 或者文本文件 txt。

例如我们再以表 2-1 为例，这样的数据在 SPSS 里可以简单操作，但是在 R 里一般不能直接这么输入，这是 R 语言出于运算性能方面的考虑，我们的解决方法是只采用全部英文的输入方式。

这里需要提醒的是，R 中默认的是使用英语进行编程和数据操作的，当然你也可以使用中文，这是由于 R 开发按惯例使用英语开发，天生对于中文支持度不算太好，然而出于对读者水平的评估，我们不推荐读者使用中文进行编码：第一，中文的编码模式是双字节，在不同系统上传输时常常会变成乱码，系统无法识别这些乱码，那么就经常会报错。第二，中文的文件目录常常会无法被系统识别，因而造成在一台机器上能运行的程序在另外一台上却不能运行。

但是哪些地方可以用中文呢？或者非要使用中文呢？当然也是可以的，但是需要按照一定的约定：第一，编码必须是 Unicode 或者简单点来说就是 UTF8 编码。第二，在编写 R 脚本时，注释语句可以是中文的。

我们获得表 2-1 的人工数据后，下面要进行的就是如何将数据输入到文件中，例如直接输入到 Excel 和文本文件中，如图 2-4 所示。

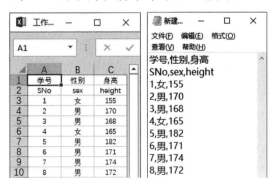

图 2-4　Excel 和文本 txt

这里依然需要提醒的是,文本文件在输入时分隔符","需要在英文模式下进行,否则中文的逗号和英文的逗号容易造成数据错乱。

但是实际上对于输入的数据,我们仍然需要进行处理,这主要是因为在我们输入的数据文件中存在大量的中文,我们可以利用对应的英文进行改写。例如:

将女性改写成 Female,男性改写成 Male,但是这样不便于快速输入,尤其是在需输入大量数据时;或者更加简单点就是女性改写为 0,男性改写为 1,或者女性 f,男性 m。

显然我们的表格的第一行完全可以用第二行的英语缩写来代替。因而图2-4 可以变成图 2-5。

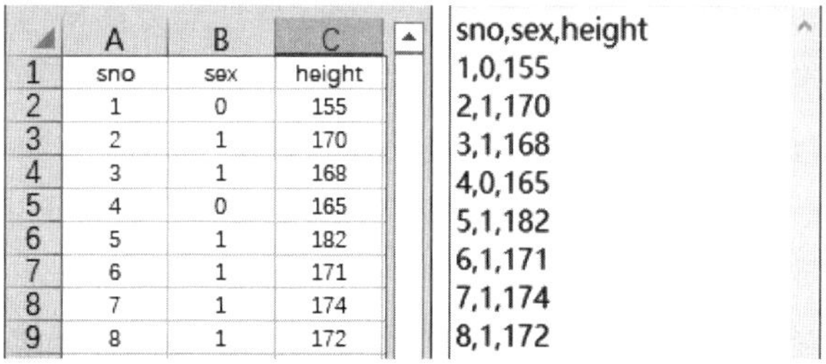

图 2-5　修饰后的图

对于一般情况下(尤其是对于医学方向)的 R 来说这两种形式的数据是足够的,将上述结果直接保存成文件即可。假设我们得到的文件分别是:class1.xlsx 和 class1.txt(注意这里我们也使用的英文命名)。

第三节　数据导入到 R 环境中

在完成数据的采集和输入后,我们现在需要的是将数据导入到 R 环境中,也就是要导入到 R 中,这样才能便于我们后续的处理。

首先打开 Rstudio。由于只有在当前环境中存在这些数据我们才能处理这些数据,因此在打开的 Rstudio 中点击 Environment,然后点击 Import Dataset(即导入数据集),在弹出的列表中出现了很多选项,我们主要介绍第一个、第三个和第四个选项。

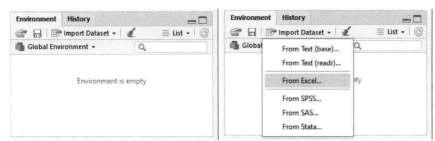

图 2-6　部分 R 环境窗口

第一种:From Text(base)

对于任意格式的 txt 文档都可以利用这个方法导入,导入界面如图 2-7 所示。

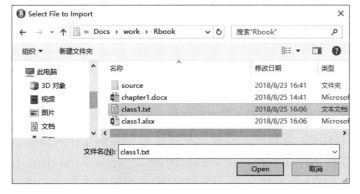

图 2-7　R 导入文件界面

选择保存的文件 class1.txt,然后点击 Open 按钮,弹出的界面如图 2-8 所示。

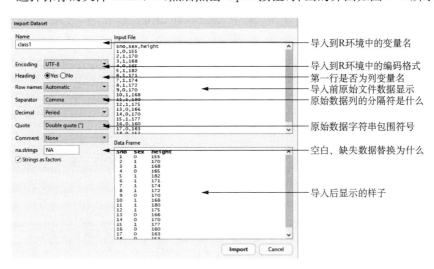

图 2-8　导入数据窗口

我们做出解释：Name 是我们将数据导入到 R 环境中将存储在哪个变量①里面，由于文件名是 class1.txt，所以默认是 class1，当然你也可以改成其他的名字，如 classHeight。当按下导入后在 Rstudio 的环境中将会出现这个名称。

Encoding：编码，我们默认使用 UTF8 编码，这样避免因为数据中的中文或者其他双字节语言被导入成乱码。

如果你的数据的第一行不是数据，而是这些数据的每一列的名称，那么有必要将 Heading 选成 Yes，这样列的名称也会变成列变量名。

Separator：字段分隔符，我们把这个专业名称通俗化为列（特别提示：列在数据中称为字段）的分隔符。通常的列分隔符有（英文模式下）：Comma 逗号","、Tab 制表符 Tab②、Whitespace 空白、Semicolon 分号";"。显然我们的数据中是以逗号分隔的。

Decimal：数位分割符，这个设置是用来应对数字的表示的，比如数 123 456.78 欧美使用 123,456.78 来表示，部分地区使用空格表示，如 123 456.78，它的选项我们默认不用修改，除非是使用逗号来分隔的。

Quote：引用符，如果你的数据是一串字符而且这个字符中包含空格和逗号，那么就需要对你的数据加上引用符，例如：the apple is good，and very yum！在你把它输入到文本文件（Excel 并不需要）的时候需要加上双引号或者单引号，那样就变成了"the apple is good，and very yum！"，这里在导入数据的时候就要选择 Quote：Doublequote(")这个选项。

na.strings：不可用字符串，其中 na：notavailable 不可用，或缺失的。如果你的数据中一个数据因为各种原因缺失，那么你有必要在原始数据中不输入或者输入字母 NA，或者你定义 99 这个数字是缺失的，那么就把 NA 改成 99。

在调节上面的参数时，在 DataFrame（数据框架）中会实时显示你的数据导入后的样子。

现在我们按下 Import 这个按钮，我们的界面中会显示出一些变化：

在左下角的控制台 Console 中出现了：

---

① 变量是编程术语：我们可以把它理解成一个贴了名字（变量名）的快递盒子（存储），只是这个快递盒子（变量）可以装任何东西，你可以查看修改放在里面东西（具体数据）的任何样式。

② Tab 是 table 表格的意思，早期电脑上用来空出固定数量的空格，键盘最左边的 Tab 键就是这个功能，它在 Word 中还被称为缩进对齐键。

```
class1 <- read.csv("D:/Docs/work/Rbook/class1.txt",encoding = "UTF-8")
View(class1)
```

注：read.csv("..", encoding="UTF-8")是一个将双引号内的文件使用 UTF8 编码读入到内存中，然后通过 <- 放到变量盒子 class1 中去。第二行中的 View(class1)是指在 Rstudio 中显示刚才导入的数据。

这是 R 程序代码，我们可以把它用文本文件存储起来，当然也可以复制进 R 语言脚本，有同学问为什么需要保存这些代码？这是因为如果你只用一次这个数据那就完全没必要保存这个代码，但是如果你的工作中每天要重复导入这些数据几百次，那么烦琐的操作会让人头疼，因而代码保存起来会让前面烦琐的操作一次完成。

在环境 Environment 中也出现了变量：

| ▶ class1 | 18 obs. of 3 variables | ▦ |

这里告诉我们这个数据中有 18 个数据（obj：object），每个数据有 3 个列变量（variables），变量的名称是 class1。

同时我们也看到在控制台上面出现了 class1 数据框的显示（默认只显示出前 40 个，只是这里只有 18 个，所以全部显示出来）。

第二种：From Excel

这种方式也是比较方便的，其中很多参数设置同第一种方式，它的界面如图 2-10 所示。

可以看到从 Excel 中导入可以自己选择导入多少行，导入的时候可以不导入最前面的多少行数据，还可以在预览窗口挑选每一列的数据类型。

其中最有用的是导入的时候设置列的类型，比如我们点击 sex 下面的一个小三角形或(double)的区域，会弹出几个选项：

Character：字符串；Numeric：数字；Date：日期；

另外两个选项是：

Include：包含，将这一列数据导入到 R 环境中，同时系统自动识别它的类型，这里我们的 Rstduio 识别它为 double 类型（numeric 一种：双精度型的小数）。

Skip：跳过这一列，也就是不把这一列数据导入到环境中。

可以看到这两个选项决定了你可以选择一次实验中哪些数据被导入和使用。

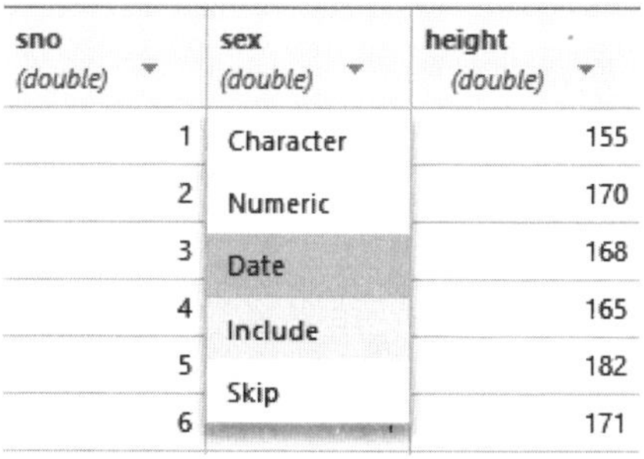

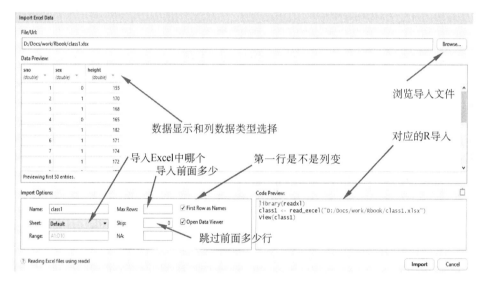

图 2-9　字段选择

图 2-10　Excel 导入界面

如果本次实验我们只需要知道这个班级平均身高是多少,我们可以将第二列忽略(Skip),然后再按下 Import,那么在控制台中我们得到:

```
1 > library(readxl)
2 > class1 <- read_excel("D:/Docs/work/Rbook/class1.xlsx",
+     col_types = c("numeric", "blank", "numeric"))
3 col_type = "blank" deprecated. Use "skip" instead.
4 > View(class1)
```

注:第1行是加载一个读取 Excel 文件的库程序,因为 R 程序对其他数据文件的读取都是通过其他工具加载的,好比你喝水需要先拿个杯子一样,R 也是首先拿起这个工具之后我们才能方便地导入数据。

第 2 行,我们发现这句与第一种方法很像,但是却写成两行,写成两行是因为语句太长而无法在当前窗口显示,所以 R 中利用＋号来连接。

read_excel("..", col_types ＝列表) 这里逗号前面仍然是文件的位置,逗号后面是 col_types 是列的数据类型,＝ 号后面是按照列的顺序排列的列类型。其中"numeric", "blank", "numeric"分别表示第一列是数字,第二列忽略,第三列是数字。它用一个 c("numeric", "blank", "numeric")表示,这个 c 是 combine 的缩写,其中文意思是组合。

我们也发现这个简单的函数中的逗号后出现了＋号,这在 R 中表示换行,但是仍然是一个函数内的使用方法。

第 3 行,这句是用来提示一些信息的,它提示在写 R 代码时你可以使用 skip 来替换 blank 这个单词。

第 4 行仍然是预览数据,显然我们得到了删除第二列的数据。

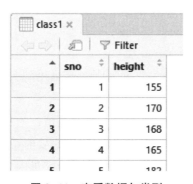

图 2-11 查看数据与类型

第三种:From SPSS

我们点击 From SPSS... ,然后 Rstudio 会提示我们(图 2-12)

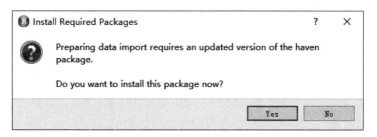

图 2-12 Rstudio 提示信息

选择 Yes 这样就可以自动安装和加载 SPSS 导入包,我们一般推荐使用代码方式导入:

```
library(haven)    #用 haven 包读取 SPSS 数据
input <- read_sav("data/input.sav") #导入数据
```

注:使用上述方式导入时,路径中不能有中文,另外 SPSS 编码的编码格式有时也会影响导入是否成功,因此在保存 sav 格式时最好选择 UTF8 编码格式。

第四节　编程方法输入数据

至此我们完成了数据的导入。另外一个问题是如果我们从文件中导入了数据,但是我们还想直接在控制台中输入数据,那么我们该怎么办呢? 这些内容是具体的 R 语言程序设计,下面我们具体来介绍。

在我们得到一批数据的时候通常是像表 2-1 那样的,这样的数据称为原始数据,我们经过数据的前期处理后会得到全部简化和修正的数据,这样的数据就是可以上机运行的数据集。

那么原始数据怎样转化为数据集呢? 这里用到关系数学(数据库原理)的相关知识,我们在这里给出一些简单的规则:

(1) 每一列只包含一种属性或者一种观测值。

(2) 每列如果是可以再分成两个属性的,必要时可以再分成两种属性。

(3) 列的名称使用英文缩写,最好在 20 个字母内。

(4) 缺失的数据使用 NA 代替。

(5) 字符串使用双引号括起来。

(6) 尽量用能区别的数字来表示很长的重复数据。

为了描述方便,我们这里复述修改过的表格 2-1 如表格 2-3 所示。

表 2-3　一组学生身高与性别的数据

sno	sex	height	sno	sex	height	sno	sex	height
1	0	155	7	1	174	13	0	166
2	1	170	8	1	172	14	0	170
3	1	168	9	0	170	15	1	177
4	0	165	10	1	168	16	0	160
5	1	182	11	1	180	17	0	163
6	1	171	12	1	175	18	0	153

为了手动输入到 R 中,我们把每一列都放到组合中,并将它放到一个变量中,最后整合到数据框 class1 中。首先我们先依次获得列数据,例如我们现在想将学号 sno 输入到 R 中,那么我们可以在控制台中输入下面的内容并按回车链:

```
sno <- c(1,2,3,4,5,6,7,8,9,10,11,12,13,14,15,16,17,18) ♯ 输入学号到 sno 中
```

注:由于我们输入的学号是整数,所以直接输入数字。行末的 ♯ 号是用来注释的,它不影响程序运行,可以忽略它的存在,在输入的时候可以不输入到控制台中。但是当你好几个月后再次打开脚本时就会知道这行是用来干什么的。

在环境中我们得到:

sno	num [1:18] 1 2 3 4 5 6 7 8 9 10 ...

那么我们在控制台中如何查看它呢? 其实直接输入刚才的变量名 sno 后回车就可以了,然后我们在控制台中可以看到:

```
> sno
[1]  1  2  3  4  5  6  7  8  9  10  11  12  13  14  15  16  17  18
```

注:这里[1]表示它是一个一维数据,它的数据直接显示在后面。

但是如果数据不是像这样简单,而是 1 000 个学生呢? 如果还是用这样的方法会非常累,好在 R 提供了简便的方法:

```
sno <- 1:18 ♯ 从 1 一直到 18
sno <- seq(1,18,1) ♯sequence 从 1 到 18,后续数值和前一个数值相差 1
```

注:seq(第一个数,上界,步进长度) 需要注意第二个上界不一定能到。

对应的 1 到 1 000:

```
sno <- 1:1 000    ♯ 从 1 一直到 1 000
sno <- seq(1,1 000,1)    ♯sequence 从 1 到 1 000,后续数值和前一个数值相差 1
```

如果我们只想输入偶数学号的学生那么对应的方法是:

```
sno <- seq(1,18,2) ♯sequence 从 1 到 18,后续数值和前一个数值相差 2
```

得到的结果是(注意:这里上界就没有到达 18,而是只到了 17):

```
> sno
[1]  1  3  5  7  9  11  13  15  17
```

在我们得到学号数据后,我们还需要获取性别和身高数据,由于性别和身高数据并不是有规律的,那么只能使用最原始的方法输入:

```
sex <- c(0,1,1,0,1,1,1,1,0,1,1,1,0,0,1,0,0,0) ♯0 Female,1 Male
height <- c(155,170,168,165,182,171,174,172,170,168,180,175,166,170,177,160,163,153)
```

— 61 —

此时我们在 R 环境中看到：

height	num [1:18] 155 170 168 165 182 171 174 172 170 168 .…
sex	num [1:18] 0 1 1 0 1 1 1 1 0 1 ...
sno	num [1:18] 1 2 3 4 5 6 7 8 9 10 ...

但是这和我们在本章第二节中的 class1 对象有所不同，因此我们还需要将它们整合到一个变量中。R 中提供了数据整合的方法，这个方法就是数据框架（Data Frame），显然这个名称我们在用文件导入的时候就是这个框架结果，那么我们只要按照提供的方法将数据整合即可：

class1 <- data.frame(sno,sex,height)

♯ 按列次序将数据添加到 class1 这个变量对象中

这样就将得到：

◉ class1	18 obs. of 3 variables	▢
Values		
height	num [1:18] 155 170 168 165 182 171 174 172 170 168 .…	
sex	num [1:18] 0 1 1 0 1 1 1 1 0 1 ...	
sno	num [1:18] 1 2 3 4 5 6 7 8 9 10 ...	

可以看出 class1 和先前数据导入的结果一样，且手动输入的结果也显示在环境中。至此 R 环境中有了下面做分析的数据。

第五节　数据集操作

基本数据存储到 R 环境后，我们就可以对数据进行基本的操作，这样的目的是为了迎合或者说能够被使用到函数中，因为很多的 R 语言函数的数据输入有着明确的格式要求。

数据集的操作一般包含数据的拼接、分割、转置，数据的选取，数据的合并、数据行列名称的改变，有时对于不符合数据格式输入要求的数据还需要使用额外的包提供的函数来进行融合或者整合，更详细一点还需要对一些字符串进行分割和整合。

下面我们就数据操作逐一进行解释和示例：

1. 序列操作

自动序列：

如果我们想得到一组重复的序列，那么可以使用 R 提供的重复序列函数来实现，例如我们想要得到下面的有规律的序列，分别可以调用以下函数（表 2-4）：

表 2-4 自动序列

需要的序列	调用格式	实际调用
1 1 1 1 1 1	rep(x, times)	rep(1, 6)
1 2 1 2 1 2	♯x,重复 times 次	rep(c(1,2),3)
1 3 5 7 9	seq(from,to,steps) ♯from（从）to（到）每次递增 steps	seq(1,10,2)

2. 基本数值的运算

表 2-5 R基本运算符号与意义

符号	变量含义	数学意义	R 中使用	举例
$+,-,*,/$	变量的加减乘除	$a\times b$	$a*b$	$1*2=2$
^或 **	幂次	a^b	$a\hat{\ }b$ 或者 $a**b$	$2^3=8$
%%	求余	$a \bmod b$	$a\%\%b$	$5\%\%2=1$
%/%	最大除数		$a\%/\%b$	$5\%/\%2=2$
%*%	矩阵的乘法	$\boldsymbol{AB}$	$\boldsymbol{A\%*\%B}$	

在数学运算中,时刻要记住能够加括号的需要加上括号。同时还需要知道的是,如果 x 变量是个序列,那么上面的运算会对 x 的每一个值均进行这样的操作。举例来说：

预先输入数据：

x <- seq(2,8,2)　　♯得到序列 2 4 6 8

运算代码：

x/2　　　　　　　♯进行数学运算

结果：

［1］1 2 3 4　　　♯得到结果

可以看到对于基本运算,R 是把它当作每一个元素都进行同样操作的。

3. 基本逻辑判断

在介绍逻辑判断前,首先要确定的是在逻辑值中只有真假两种值,即 TRUE 和 FALSE。例如 2>1 的逻辑值就是真的,因此 2>1 的逻辑值就是 TRUE。

表 2-6 R基本逻辑判断表与意义

符号	数学意义	R 实际调用
<	$x<y$	$x< y$
<=	$x\leqslant y$	$x<= y$

符号	数学意义	R 实际调用
>	$x>y$	$x>y$
>=	$x \geqslant y$	$x>=y$
==	$x=y$	$x==y$
!=	$x \neq y$	$x!=y$
!x	$\bar{x}$	!x
$x\|y$	只要一个为真,表达式为真	$x\|y$
$x \& y$	只有全部为真,表达式才真	$x \& y$
isTRUE(x)	x 是否为真	isTRUE(x)

这里我们只举一个经常用错的例子:例如我们想表达 $a<x\leqslant b$,在实际使用时不能够用 $a<x<=b$ 来表达这个式子,因为这会导致认知上的错误的,也就是实际运行结果和我们想要的不同。

在 R 中我们使用:$(a<x) \&\& (x<=b)$

同时逻辑判断的符号之间不能有空格,逻辑判断通常用在数据的选择中,举例来说:我们先将 class1 中的身高大于等于 180 的数据取出来。

代码:

```
class1[class1 $ height >=  180,]
# 选择表 class1 中 height 列的数值大于等于 180 的行
```

结果:

```
    sno  sex  height
5    5    1    182
11   11   1    180
```

4. 改变数据框行列的名称

有时我们需要得到一个既有行名又有列名的数据框,例如有时会对下面的表格进行输入。

Sex	Org	Nor
M	10	40
F	20	30

我们首先将数据进行输入,再在改变它的行列名称:

数据输入代码：

```
a <- c(10,20)       #第一列数据
b <- c(40,30)       #第二列数据
tab <- data.frame(a,b)     #将数据转化为数据框
```

查看 tab 代码：

```
tab
```

显示结果：

```
   a   b
1  10  40
2  20  30
```

此时我们发现列的名称为 a,b,行的名称为 1,2,我们可以使用函数分别查看行名和列名,代码为：

```
colnames(tab)  #查询 tab 列名
[1] "a" "b"
rownames(tab)  #查询 tab 行名
[1] "1" "2"
```

如果要改变行的名称可以用这个代码：

```
colnames(tab)[2] <- "Nor"  #修改第二列的列名
```

此时的结果为(可以看到行列名称的修改使用的是下标访问的方法)：

输入：

```
tab
```

结果：

```
   a   Nor
1  10  40
2  20  30
```

5. 数据类型转换

通常我们对数据进行输入后,为了能够使数据符合使用函数的数据格式要求,需要进行数据的转换,在 R 中只要总的格式没错误,只要简单地使用提供的函数就可以满足转换要求。

表 2-7　数据类型转换表

as.numeric(x)	#将 x 转为数值	as.data.frame(x)	#将表格转化为数据框
as.character(x)	#将 x 转为字符	as.factor(x)	#将 x 转化为因子
as.vector(x)	#将 x 转为组合序列	as.logical(x)	#将 x 转为逻辑值
as.matrix(x)	#将 x 转为矩阵		

6. 数据排序

在实际运算和编程中,数据通常需要被排序,R语言提供了简便的排序函数,使用方法类似于逻辑判断,例如我们对下面的序列进行排序:

2 1 8 3 4 2 9

数据输入代码:

a<-c(2,1,8,3,4,2,9) #数据输入

排序代码:

sort(x,decreasing = FALSE) # 对 x 进行默认是升序的排序

结果:

1 2 3 4 8 9

一般来说,对于单行或者单列数据而言使用 sort 函数就可以了,但是若要对数据框按照某个列进行排序,显然 sort 就不能满足要求,例如我们想按照身高对 class1 中的学生进行排序,那么可以使用代码:

order(x,y, na.last = TRUE, decreasing = FALSE)

对先按 x 再按 y 进行默认是升序的排序

na.last = TRUE 缺失值放在最后

注意这个代码只是用来进行一个排序,并返回一个先后顺序,因此和 sort 还是有区别的。

代码:

order(class1 $ height)　#给出 class1 中 height 排序序列

结果:

[1] 18 1 16 17 4 13 3 10 2 9 14 6 8 7 12 15 11 5

因此在实际使用时,例如我们先按照身高进行排序,那么代码为:

代码:

class1[order(class1 $ height),]　#对班级 class1 按照身高进行排序

部分结果:

	sno	sex	height
18	18	0	153
1	1	0	155
...			
3	3	1	168

若需要对两列数据同时排序,例如我们先按照性别排序再按照身高排序,那么会有:

class1[order(class1 $ sex,class1 $ height),]

#对班级 class1 按照先性别再身高进行排序

部分结果:

	sno	sex	height
18	18	0	153
1	1	0	155
...			
4	4	0	165

此时看到的结果就是前面全是女生的结果(男生部分的结果我们没有显示),如果先按照性别倒序排列,那么可以在要倒序的变量前加上负号,例如,首先显示男生:

class1[order(－class1 $ sex,class1 $ height),]

#对班级 class1 先按照性别降序再按照身高升序

7. 数据的合并

需求 1:数据合并

Id	Name	height
1	June	165
2	Alex	175

+

sex
F
M

=

Id	Name	height	sex
1	June	165	F
2	Alex	175	M

数据输入:

```
Aid <- c(1,2)                          Bid <- c(1,2)
AName <- c("June","Alex")              BName <- c("June","Alex")
Aheight <- c(165,175)                  Bsex <- c("F","M")
A <- data.frame(Aid,AName,Aheight)     B <- data.frame(Bid,BName,Bsex)
```

数据合并:

merge(A,B,by＝c(A $ Aid,B $ Bid)) #合并 A,B,按照 Aid 与 Bid 相同的部分合并

结果:

	Aid	AName	Aheight	Bsex
1	1	June	165	F
2	2	Alex	175	M

当然合并后还需要对行的名称进行修改。

需求 2:直接添加一列或者一行

添加列的方法：

Id	Name	height
1	June	165
2	Alex	175

+

sex
F
M

=

Id	Name	height	sex
1	June	165	F
2	Alex	175	M

数据输入：

id <- c(1,2)

Name <- c("June","Alex")

height <- c(165,175)

sex <- c("F","M")

A <- data.frame(id,Name,height)

添加列：

cbind(A,sex) ♯向数据框 A 加一列 sex,当然也可以添加很多列

结果：

```
   id  Name  height  sex
1   1  June    165     F
2   2  Alex    175     M
```

添加行的方法：

Id	Name	height
1	June	165
2	Alex	175

+

Id	Name	height
3	Bob	180

=

Id	Name	height
1	June	165
2	Alex	175
3	Bob	180

数据输入(注意行列的数据类型必须是相同的)：

id <- c(1,2) Name <- c("June","Alex") height <- c(165,175) A <- data.frame(id,Name,height)	id <- 3 Name <- "Bob" height <- 180 adds <- data.frame(id,Name,height)

添加列：

rbind(A,adds) ♯向数据框 A 加一行 adds,当然也可以添加很多行

结果：

	id	Name	height
1	1	June	165
2	2	Alex	175
3	3	Bob	180

8. 数据选取 subset

若数据是一列,那么可以直接按照 R 环境中提供的方法进行访问和选取,这部分内容我们会在后面的实际操作中给予讲解,这里我们主要讲解 subset 这个函数,它的调用函数为:

subset(x, subset, select, ...)　♯原数据集,给定行选择条件,选定的列

我们对 class1 数据进行选择,我们只选择性别和身高两列,且选择身高在 170～180 之内的数据:

代码:

subset(class1,height > = 175&height < = 180,sex:height)

结果:

	sex	height
11	1	180
12	1	175
15	1	177

注:我们需要特别注意的是多个条件之间使用 & 来连接,并不是 &&,sex:height 表示从 sex 列一直到 height,这个操作方法在其他函数中并不是适用的。

9. 矩阵转置

首先转置是一个数学中的概念,它是指所有的数据按照主对角线对调。

Id	Name	height
1	June	165
2	Alex	175

→

Id	1	2
Name	June	Alex
height	165	175

数据输入同上一节。对数据框进行转置的代码:

代码:

t(A) ♯对数据进行转置

输出结果:

```
        [,1]    [,2]
  id     "1"     "2"
 Name   "June"  "Alex"
height  "165"   "175"
```

10. reshape2 包进行数据融合和切割

使用前加载数据包或者先安装：

```
install.packages("reshape2")        #安装
library(reshape2)                   #日常使用加载
```

表 2-8　数据融合与切割表

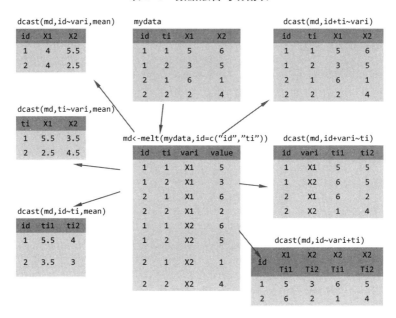

第六节　控　　制

1. 循环

第一种：

```
for(var in seqs){ #var 为 seqs 序列中的每一个量，
    statement
}
```

第二种：

```
while(conditions) { #只要 conditions 的逻辑值为 TRUE 那么执行 statement
    statement
}
```

例如我们想输出 3 次 hello，那么可以使用代码：

```
for(var in 1:3){ #var 变动一次,那么里面的 statement 就执行一次
    print("hello")
}
```

输出结果:

```
[1] "hello"
[1] "hello"
[1] "hello"
```

如果是计算下面的表达式,可以使用代码:

$$1 + \frac{1}{2} + \frac{1}{3} + \cdots + \frac{1}{50}$$

```
sum <- 0
for(i in 1:50){
    sum <- sum + 1/i
}
```

结果为:

```
[1] 4.499 205
```

2. 条件选择

第一种:

```
if (condition)  { #condition 是指判断逻辑值的表达式
    true-selected    #如果逻辑表达式为真,那么执行这个花括号里面的
}else {
    false-selected   #如果逻辑表达式为假,那么执行这个花括号里面的
}
```

第二种:

```
ifelse(conditions,true-selected,false-selected)
```

练习与作业

将上述内容在电脑上实现并编写报告。

第三章　SPSS 基本描述统计分析

第一节　频数分析

一、实验目的

了解变量取值(样本具体数据)的分布状况。

学习运用频数分析方法解决本专业实际问题。

二、理论知识

频数是同一数据或同一事件出现的次数。频数分析可以用来考察样本数据的分布状况,即变量取值的分布情况,以便研究者对所研究随机变量的特征有更加深入的了解。本实验介绍最基本的 SPSS 频数分析操作方法。

三、实验内容

进行第一章第二节中 100 尾小黄鱼体长资料的频数分析,要求计算平均数、中位数、标准差等。

四、实验步骤

(1) 打开数据文件"实验二 100 尾小黄鱼数据.sav"。

(2) 执行"分析(A)→ 描述统计→频率(F)"命令,打开"频率"对话框(图 3-1)。

(3) 在"频率"对话框中,从左边源变量列表中选择"小黄鱼"移入右边的"变量(V)"下面的空白框中;选择左下方的系统默认设置,在"显示频率表格(D)"前面的选择框中打"√",如图 3-2 所示。

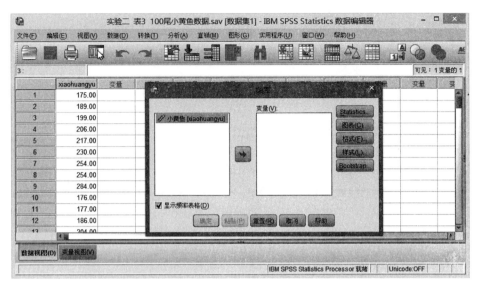

图 3-1　"频率"对话框

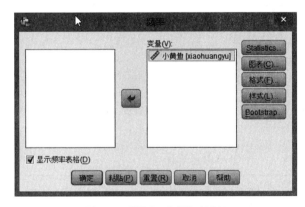

图 3-2　"频率:变量"对话框

图 3-3　"频率:图表"对话框

（4）在"频率"对话框中点击"图表(C)"按钮,打开"频率:图表"对话框。在"图表类型"下的选项中选择"直方图(H)",在"直方图(H)"下面的"在直方图上显示正态曲线(S)"选项前面的选择框中打"√",如图 3-3 所示。

点击"继续"按钮,返回"频率"对话框。

（5）在"频率"对话框中,单击"确定"按钮,提交系统运行,得到 100 尾小黄鱼统计的频数表和直方图。

五、实验结果与分析

实验结果如图 3-4 所示。

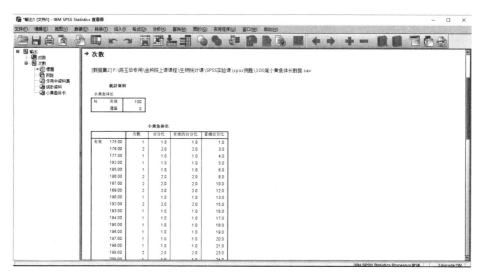

图 3-4　SPSS 频率数据结果

练习与作业

1. 建立如表 3-1 所示的 100 头猪 20 d 增重资料的数据文件,并调用"频率"对话框计算平均数、方差、极差。

表 3-1　100 头猪 20 d 增重　　　　　　　单位:kg

25.0	8.4	11.1	13.1	14.4	22.6	7.5	19.2	8.1	8.4	2.5	21.7
6.4	20.4	10.3	24.2	11.0	10.6	21.3	19.5	19.7	19.9	8.8	18.3
12.6	20.5	22.9	22.7	8.9	26.5	4.6	4.9	11.9	10.9	16.5	18.5
14.4	14.0	19.4	17.6	17.8	14.9	13.7	24.6	15.1	15.3	16.8	15.7
15.5	11.3	9.1	9.3	9.7	15.2	13.8	16.5	16.4	25.3	28.5	17.5
16.2	17.8	16.4	12.2	15.8	21.9	16.2	14.0	21.2	21.2	23.2	11.4
11.6	13.6	15.5	9.9	20.5	22.5	18.9	18.7	15.9	14.7	14.8	13.6
20.1	7.4	23.5	10.5	16.9	17.1	14.6	13.5	13.6	16.3	22.2	15.3
17.2	7.9	24.5	20.9								

数据来源:徐继初. 生物统计及试验设计. 北京:中国农业出版社,1992.第 2 章

2. 表 3-2 为 120 头某品种猪的血红蛋白含量（单位：g/100 ml）资料，试将其建立数据文件，并调用"频率"对话框计算平均数、方差、极差，并绘制直方图。

表 3-2　120 头某品种猪的血红蛋白含量　　　　　　　单位：g/100 ml

11.0	9.6	11.6	11.6	12.2	12.6	12.6	14.8	14.3	13.7	14.2	13.2	13.1
10.0	11.0	11.7	12.0	12.4	12.5	12.8	13.2	11.0	13.4	13.8	14.4	14.7
14.8	14.4	13.9	13.0	13.0	12.8	14.9	12.5	12.3	12.1	11.8	11.0	10.1
10.1	11.1	11.6	12.0	13.5	12.0	12.7	12.0	13.4	13.5	13.5	14.0	15.0
15.1	14.1	11.3	13.5	13.2	12.7	12.8	16.3	12.1	11.7	11.2	10.5	10.5
15.3	11.8	12.2	12.4	12.8	12.8	13.3	13.6	14.1	14.5	15.2	10.7	14.6
14.2	13.7	13.4	12.9	12.9	12.4	12.3	11.9	11.1	14.7	10.8	11.4	11.5
12.2	12.1	12.8	12.6	18.2	13.8	14.1	12.5	15.6	15.7	14.7	14.0	13.9
13.1	12.5	12.7	11.5	12.3	11.5	13.9	10.9	12.0	12.7	12.4	13.0	11.6
12.4	11.6	13.1										

数据来源：徐继初. 生物统计及试验设计. 北京：中国农业出版社，1992.第 2 章

第二节　描述性分析

一、实验目的

了解基本描述统计量的类型和其对数据的描述功能。

理解基本描述统计量的构造原理。

掌握基本描述统计量的 SPSS 操作方法。

培养运用基本描述统计量分析本专业实际问题的能力。

二、理论知识

生物统计的基本统计量包括：描述数据集中趋势的统计量（平均数、中位数和众数等）、描述数据离散趋势的统计量（方差、标准差、极差等）和描述数据分布状况的统计量（峰度、偏度和分位数等）。这些基本统计量，我们在理论课上已经讲授过。通过这些基本统计量对样本数据进行基础统计分析后，我们就可掌握样本数据的基本特征，为样本数据进行下一步的分析提供方向和参考。

1. 基本统计量

1）平均数、中位数和众数

平均数根据定义不同,类型不同。应用较多的算术平均数,是总体或样本所有观测值的总和除以观测值总个数所得的商数,简称平均数或均值。在统计学中,由于样本的均值是总体均值的无偏估计,因此,人们常用样本的均值估计总体的均值。

虽然样本是从总体中抽取出来的,但由于抽样误差的存在,从总体中进行样本量为 n,k 次抽样试验,得到的 k 个样本事实上是不完全相同的,它们的均值是有差异的。样本数据是总体数据集的一个随机子集。描述样本均值与总体均值平均差异的统计量是均值标准误差(Standard Error of Mean, S. E. mean),简称标准误。

中位数(Median)是将资料内所有观测值从小到大依次排序,位于中间的那个观测值,称为中位数,简称中数。当观测值个数(n)为奇数时,中位数是 $(n+1)/2$ 位置上的那个观测值。当观测值个数为偶数时,中位数的值是第 $n/2$ 位置和第 $(n+1)/2$ 位置上的两个观测值的平均值。中位数实际上是个二分位数,将所有观测值分为个数相同的两个子集,一个子集中的数据的数值都比它大,另一个子集中数据的数值都比它小。

众数(Mode)是资料中出现次数最多的那个观测值或次数(频数)最多一组的组中值,称为众数。对于离散性数据,众数是出现频数最多的数。对于连续性数据,众数是频数分布表频数最高一组的组中值。

均值、中位数和众数三者都是表示数据集中趋势的统计量。平均值容易受到极端值的影响,适用于描述符合或近似正态分布资料的集中趋势。中位数和众数不受极端数据值的影响,适用于描述偏态分布资料的集中趋势。总体数据呈对称的正态分布时,均值、中位数和众数三者相等。总体数据呈右偏态时,均值>中位数>众数;呈左偏态时,均值<中位数<众数。

2）全距、方差和标准差

全距(Range)又称范围、极差,是数据中最大值与最小值之间的绝对差值,表示数据的分布范围。全距值只能粗略地表示数据离散性的一个统计量。全距越大数据离散性越高,全距越小数据离散性越低。

方差(Variance)是总体或样本中所有数据与其均值的差值的平方和的平均值。标准差(Standard Deviation)是方差的平方根。方差和标准差是数据离散程度的平均度量。

设 N,μ,σ 分别为总体包含的个体数、均值和标准差,$n,\bar{x},S$ 分别为样本容

量、均值和标准差,那么总体方差、样本方差、总体标准差、样本标准差分别为:

$$\sigma^2 = \frac{\sum (x_i - \mu)^2}{N}, \ S^2 = \frac{\sum (x_i - \bar{x})^2}{n-1}$$

$$\sigma = \sqrt{\sum (x_i - \mu)^2 / N}, \ S = \sqrt{\frac{\sum (x_i - \bar{x})^2}{n-1}}$$

3) 峰度与偏度

峰度(Kurtosis)又称峰态系数,是描述总体数据分布形态与正态分布形态相比较的陡缓程度的统计量。峰度值 K 等于 0 表示总体数据分布形态与正态分布形态陡平程度相同;K 大于 0 表示总体分布形态比正态分布形态更加陡峭,数据离散程度小于正态分布,数据更多地集中在平均值左右,为尖顶峰;K 小于 0 表示总体分布形态比正态分布形态更加平缓,数据离散程度大于正态分布,数据更加分散,为平顶峰。峰度的绝对值越大,表明总体分布形态的陡平性偏离正态分布形态越大。

$$K = \frac{1}{n-1} \sum_{i=1}^{n} \frac{(x_i - \bar{x})^4}{S^4} - 3$$

为了抛开高深数学概念,我们直接用图形描述,$K_1 > K_2$,数据大多集中在中轴线这个平均值周边,而 $K_2 < K_1$,它的数据值相对而言就分散一些。

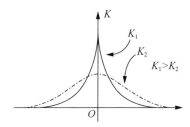

偏度(Skewness)是描述总体分布形态对称性的统计量,即整体值偏向于均值线的左侧还是右侧。在图形上显示出来就是如图的形式:

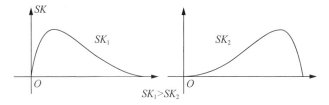

如果 $SK = 0$,表示总体分布形态与正态分布形态呈现同样的左右对称性。

如果 $SK>0$，表示总体分布形态向右偏离正态分布形态（正偏态），整体是偏向右侧的，数据位于均值右边的比位于左边的少，有一条长尾巴拖在右边，数据右端有少量的极端值，左边的尾巴比较短。如果 $SK<0$，表示总体分布形态向左偏离正态分布形态（负偏态），整体是偏向左侧的，数据位于均值左边的比位于右边的少，有一条长尾巴拖在左边，数据左端有少量的极端值，右边的尾巴比较短。偏度的绝对值越大，表明总体分布形态的对称性偏离正态分布形态越大，偏斜得越严重：

$$SK = \frac{1}{n-1} \sum_{i=1}^{n} \frac{(x_i - \bar{x})^3}{S^3}$$

样本偏度和峰度可以用于辅助判断样本数据服从正态分布的程度。

4）四分位数、十分位数和百分位数

四分位数（Quartiles）是将全部数据按升序或降序分为四等份的三个数：q_1（第一四分位数）、q_2（第二四分位数，中位数）和 q_3（第三四分位数）。

四分位是一个分段的概念，例如 1,2,3,4,5,6 这几个数，在数轴上我们把 $1 \sim 6$ 划分成四个等长的区域，那么就会有五个点将它们分隔开。其中第一个分位点 $q_0=1$ 是零分位点，$q_1=2.25$ 是 1/4 分位点，$q_2=3.5$ 是半分位点，$q_3=4.75$ 是 3/4 分位点，$q_4=6$ 是全分位点。

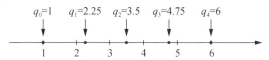

在四分位中，25%分位与75%分位之间的距离称为四分位距。

十分位数（Deciles）是将全部数据按升序或降序分为十等份的九个数：q_1，q_2，$\cdots$，q_9。

百分位数（Percentiles）是将全部数据按升序或降序分为一百等份的九十九个数：q_1，q_2，$\cdots$，q_{99}。通过分位数可以判断数据在各区间内分布的情况。

2. 描述统计

数据描述性统计是对数据分布特征进行基本分析的统计方法。通常用均值、中位数和众数等描述数据的集中趋势，用标准差、方差和全距等描述数据的离散趋势，用峰度、偏度和分位数描述数据的分布情况。本实验介绍最基本的 SPSS 描述性统计分析操作方法。

三、实验内容

进行第一章实验二中 100 尾小黄鱼体长资料的描述性分析，要求计算平均数、中位数、标准差等。

四、实验步骤

(1) 打开数据文件"实验二100尾小黄鱼数据.sav"。

(2) 执行"分析(A)→描述统计→描述(D)"命令,打开"描述性"对话框,如图 3-5 所示。

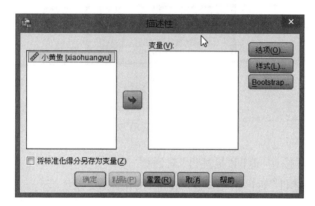

图 3-5　"描述性"对话框

(3) 在"描述性"对话框中,从左边源变量列表中选择"小黄鱼"移入右边的"变量(V)"框中,如图 3-6 所示。

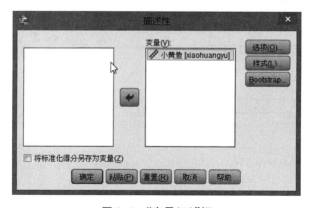

图 3-6　"变量(V)"框

(4)点击"选项(O)"按钮,在"描述:选项"对话框中选择"平均值(M)""标准差(T)""方差(V)""范围(R)""最小值(N)""最大值(X)""均值的标准误(E)""峰度(K)"和"偏度(W)",如图 3-7 所示。

图 3-7　"描述:选项"对话框

单击"继续"按钮,返回"描述性"对话框。

（5）在"描述性"对话框中单击"确定"按钮,提交系统运行,得到 100 尾小黄鱼资料情况。

五、实验结果与分析

实验结果如图 3-8 所示。

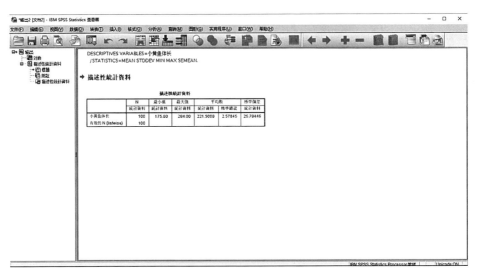

图 3-8　SPSS 描述过程数据结果

练习与作业

1. 建立以下120头猪的血红蛋白资料的数据文件,并调用"描述"对话框计算平均数、方差、平均值标准误等。

表3-3　120头猪的血红蛋白　　　　　　　　单位:g/100 ml

11.0	9.6	11.6	11.6	12.2	12.6	12.6	14.8	14.3	13.7	14.2	13.2
13.1	10.0	11.0	11.7	12.0	12.4	12.5	12.8	13.2	11.0	13.4	13.8
14.4	14.7	14.8	14.4	13.9	13.0	13.0	12.8	14.9	12.5	12.3	12.1
11.8	11.0	10.1	10.1	11.1	11.6	12.0	13.5	12.0	12.7	12.0	13.4
13.5	13.5	14.0	15.0	15.1	14.1	11.3	13.5	13.2	12.7	12.8	16.3
12.1	11.7	11.2	10.5	10.5	15.3	11.8	12.2	12.4	12.8	12.8	13.3
13.6	14.1	14.5	15.2	10.7	14.6	14.2	13.7	13.4	12.9	12.9	12.4
12.3	11.9	11.1	14.7	10.8	11.4	11.5	12.2	12.1	12.8	12.6	18.2
13.8	14.1	12.5	15.6	15.7	14.7	14.0	13.9	13.1	12.5	12.7	11.5
12.3	11.5	13.9	10.9	12.0	12.7	12.4	13.0	11.6	12.4	11.6	13.1

数据来源:徐继初. 生物统计及试验设计. 北京:中国农业出版社,1992.第2章

2. 将表3-4中126头基础母羊的体重资料建立数据文件,并调用"描述"对话框计算平均数、方差、平均值标准误等。

表3-4　126头基础母羊的体重　　　　　　　　单位:kg

53.0	50.0	51.0	57.0	56.0	51.0	48.0	46.0	62.0	51.0	61.0	56.0	62.0	58.0
46.5	48.0	46.0	50.0	54.5	56.0	40.0	53.0	51.0	57.0	54.0	59.0	52.0	47.0
57.0	59.0	54.0	50.0	52.0	54.0	62.5	50.0	50.0	53.0	51.0	54.0	56.0	50.0
52.0	50.0	52.0	43.0	53.0	48.0	50.0	60.0	58.0	52.0	64.0	50.0	47.0	37.0
52.0	46.0	45.0	42.0	53.0	58.0	47.0	50.0	50.0	45.0	55.0	62.0	51.0	50.0
43.0	53.0	42.0	56.0	54.5	45.0	56.0	54.0	65.0	61.0	47.0	52.0	49.0	49.0
51.0	45.0	52.0	54.0	48.0	57.0	45.0	53.0	54.0	57.0	54.0	54.0	45.0	44.0
52.0	50.0	52.0	52.0	55.0	50.0	54.0	43.0	57.0	56.0	54.0	49.0	55.0	50.0
48.0	46.0	56.0	45.0	45.0	51.0	46.0	49.0	48.5	49.0	55.0	52.0	58.0	54.5

数据来源:明道绪. 生物统计附试验设计(第三版). 北京:中国农业出版社,2002.第2章

第三节　探索性分析

一、实验目的

了解数据探索的功能作用。

掌握 SPSS 数据探索的操作方法。

通过学习数据探索,了解数据分布基本特征及数据异常值筛选。

二、理论知识

SPSS 的数据探索可对数据在分组或不分组情况下进行检查筛选,包括异常值显示、离群值识别等,同时对数据分布特征进行描述、假设检验及绘制图形,为我们后面的分析提供依据和判断。

探索分析生成的统计量包括平均数、中位数、方差、标准差、标准误、最大值、最小值、四分位数间距、峰度、偏度、平均值的置信区间、百分位数等。图形包括直方图、茎叶图、箱图、正态图等,其中茎叶图、箱图可对数据的频数分布情况进行描述,而且能识别出极端值、界外值以及错误的数据,以便让大家决定在对数据进行深入分析前采取数据剔除等操作处理,而正态概率分布图,可以判断数据是否服从正态分布,以便决定后续分析是否使用服从正态分布的数据的分析方法。

三、实验内容

进行第一章实验二中 100 尾小黄鱼体长资料的探索性分析。

四、实验步骤

(1) 打开数据文件"实验二 100 尾小黄鱼数据.sav"。

(2) 执行"分析(A) →描述统计→探索(E)"命令,打开"探索"对话框,如图 3-9 所示。

(3) 在"探索"对话框中,从左边源变量列表中选择"小黄鱼"移入右边的"因变量列表(D)"下面的空白框中;"输出"栏下选择"两者都"选项,如图 3-10 所示。

图 3-9　"探索"对话框

图 3-10　"探索:因变量列表"对话框

（4）在"探索"对话框中点击"Statistics"按钮,选择"探索:统计"对话框中的系统默认设置,如图 3-11 所示。

图 3-11　"探索:统计"对话框

点击"继续"按钮返回"探索"对话框。

(5) 在"探索"对话框中点击"绘图(T)"按钮,选择"探索:图"对话框中的默认系统设置,再在"描述性"栏下选择"直方图"如图 3-12 所示。

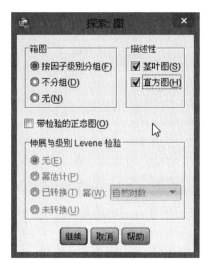

图 3-12　"探索:图"对话框

点击"继续"按钮返回"探索"对话框。

(6) 在"探索"对话框中点击"选项(O)"按钮,选择"探索:选项"对话框中的默认系统设置,如图 3-13 所示。

图 3-13　"探索:选项"对话框

点击"继续"按钮返回"探索"对话框。

(7) 在"探索"对话框中,点击"确定"按钮,提交系统运行,得到统计量和图(茎叶图、箱图和直方图)。

五、实验结果与分析

实验结果如图 3-14 至图 3-17 所示。

1）描述性统计

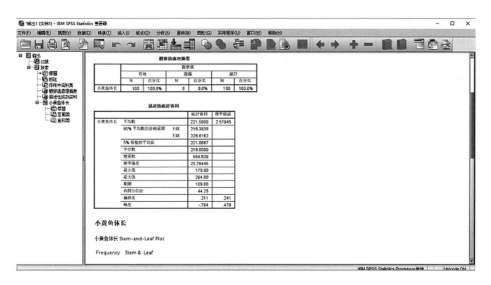

图 3-14　SPSS 探索过程数据结果

2）茎叶图、箱图、直方图

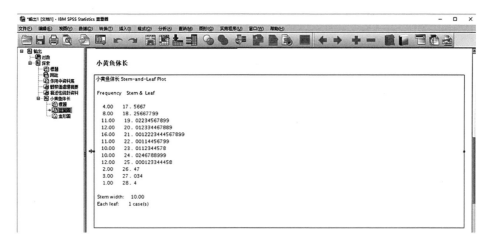

图 3-15　SPSS 探索过程茎叶图结果

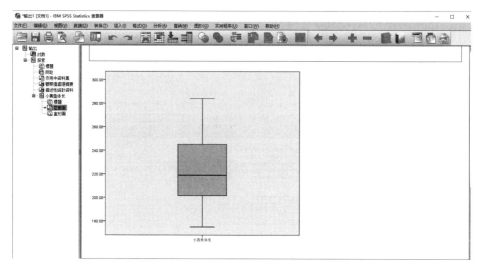

图 3-16　100 尾小黄鱼箱图结果

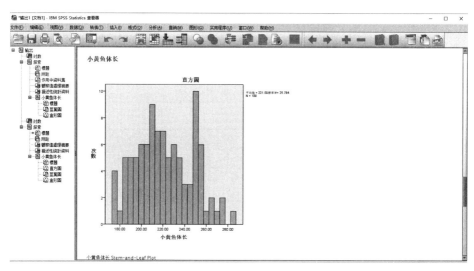

图 3-17　100 尾小黄鱼直方图结果

练习与作业

1. 试将如表 3-5 所示 126 只塞北兔的产仔数资料建立数据文件,应用探索分析过程计算平均数、标准差,绘制箱图。

表 3-5　126 只塞北兔的产仔数资料　　　　　　　　　　单位:只

4	5	6	7	5	5	6	4	6	8	6	5	8	6
10	9	5	6	8	4	6	8	4	8	7	7	8	7
7	8	6	8	7	8	6	6	9	6	5	7	6	8
7	8	7	8	7	7	5	6	8	6	6	5	7	7
7	8	5	8	9	4	9	8	9	11	7	11	9	11
7	8	9	6	9	7	11	6	9	4	8	6	9	10
8	11	11	7	10	10	5	6	10	8	9	7	10	4
9	7	5	7	8	4	10	5	7	9	7	5	9	7
8	9	9	7	6	9	8	7	6	7	8	7	8	7

数据来源:徐继初. 生物统计及试验设计. 北京:中国农业出版社,1992.第 2 章.

2. 观测某一罐头车间随机抽取 100 听罐头样品,分别称取其质量(见表 3-6),建立数据文件,应用探索分析过程计算平均数、标准差,绘制箱图、直方图。

表 3-6　100 听罐头样品的净重　　　　　　　　　　单位:g

338.2	344.0	340.3	335.1	342.5	343.4	341.1	345.2	346.8	350.0
337.3	344.0	339.9	331.2	341.7	343.2	341.1	344.4	346.3	350.0
338.4	344.1	340.5	335.4	342.5	343.5	341.2	345.3	347.0	350.2
338.7	344.2	340.6	336.0	342.6	343.7	341.3	346.0	347.2	350.3
339.2	344.2	340.7	336.2	342.7	343.7	341.3	346.0	347.2	352.4
339.8	344.3	341.0	336.7	342.9	344.0	341.4	346.2	348.2	356.1
339.9	344.3	341.1	337.2	343.0	344.0	341.4	346.2	349.0	358.2
338.0	344.0	340.3	333.4	342.5	343.3	341.1	344.9	346.6	350.0
338.6	344.1	340.5	335.7	342.6	343.5	341.2	346.0	347.1	350.2
339.7	344.2	341.0	336.4	342.8	343.9	341.4	346.1	347.3	353.3

数据来源:王钦德,杨坚. 食品试验设计与统计分析基础(第 2 版). 北京:中国农业大学出版社,2009.第 2 章.

第四章　R语言中的基本描述统计分析

第一节　基本统计描述分析量

一、基本分析量介绍

在具体介绍分析数据前我们先给出一些基本的数学概念：

假定我们得到一组观测数据仍然为表 2-1 中的数据：

性别：0,1,1,0,1,1,1,1,0,1,1,1,0,0,1,0,0,0

身高：155,170,168,165,182,171,174,172,170,168,180,175,166,170,177,160,163,153

1. 均值或期望值

均值是指平均值，假设我们只算身高的均值，那么我们可以把身高数据想象成：

x_1	x_2	x_3	x_4	x_5	x_6	x_7	x_8	x_9	x_{10}	x_{11}	x_{12}	x_{13}	x_{14}	x_{15}	x_{16}	x_{17}	x_{18}
155	170	168	165	182	171	174	172	170	168	180	175	166	170	177	160	163	153

求均值的公式为：

$$E(x) = \overline{x} = \frac{1}{n}(x_1 + x_2 + \cdots + x_{n-1} + x_n) = \frac{1}{n}\sum_{i=1}^{n} x_i$$

由于表中只有 18 个数据，因此 $n=18$，那么均值为

$$\overline{x} = \frac{1}{18}(155 + 170 + 168 + 165 + 182 + \cdots + 163 + 153) = 168.833\ 3$$

对应的 R 函数代码就是 mean(data,…)，R 中 mean 是英文平均的意思，data 为具体的数据变量，…是一些省略的参数，对于省略的参数我们会对其中的一部分做介绍，其余暂时没有必要接触。那么这组身高的平均值就可以用代

码表示成：

```
h_mean <- mean(height)    ♯ 计算 height 的平均值
```

注：将 height 计算的平均值送到 h_mean 变量中，我们建议使用英文命名变量。

如果变量是在数据框 class1 变量内，那么我们要访问 class1 的 height 列，对应的方法就改为：

```
h_mean <- mean(class1 $ height)    ♯我们访问表格 class1 的 height 列的方法
```

2. 方差

方差是用来描述数据样本之间脱离均值程度的一种量，如果这个数值比较大，那么样本振荡的程度就比较大，那么样本就表现出一种不稳定的形态；如果方差较小，说明样本间的振荡比较小，说明这些数据整体上趋于稳定或者趋于连续。举个简单的例子来说，在起伏程度比较小的路面比在起伏程度比较大的路面上开车要平稳得多，所以说方差是一个描述偏离均值程度的纯数学量。

求方差的公式前面 SPSS 部分已经介绍，这里说明下，R 语言方差通常用 $Var(x)$ 表示，而不是写成 S^2。

这里计算身高的方差：

$$Var(x) = \frac{1}{18-1}\left[(155-\bar{x})^2 + (170-\bar{x})^2 + \cdots + (153-\bar{x})^2\right] = 60.382\ 35$$

对应的 R 代码为：

```
h_var <- var(class1 $ height)
♯计算表 class1 中 height 列的方差并送到新变量 h_var
```

3. 标准方差

它只是方差的二次根号的值，由于方差通常都比较大，开根号后的标准方差更能反映偏离程度。它的公式和对应的代码为：

$$sd(x) = \sqrt{S^2} = \sqrt{Var(x)}$$

```
h_sd <- sd(class1 $ height)    ♯第一种方法：直接计算标准方差的代码
h_sd <- sqrt(h_var)           ♯第二种方法：利用方差的值开根号得到
```

注：sqrt(x)是指开根号，sd 的英文意思是 standarddeviation(标准偏差)。

4. 协方差

协方差是用来描述两列数据之间的关系的量，假设我们有两列数据 X,Y，如果 X,Y 是有关系的，那么这个关系的量级就是协方差，或者说 X 与 Y 总是相关的振荡。这种振荡分为三种情况：

(1) 正相关，对应协方差为正，说明若 X 为增加趋势那么 Y 也为增加的趋势。

（2）负相关,对应协方差为负,说明若 X 为增加趋势那么 Y 则为递减的趋势。

（3）不相关,对应协方差为零,说明 X 增减的趋势与 Y 无关,或者说 X,Y 相互独立也可能不相容。

介于协方差理论是数学专业学习内容我们只给出公式和计算性别和身高的协方差的代码:

$$\text{cov}(X,Y) = E[(X - \overline{X})(Y - \overline{Y})]$$

s_h_cov <- cov(class1 $ sex,class1 $ height)

♯计算表中性别和身高列的协方差

这行代码执行的结果为[1] 2.862 745,说明性别和身高呈现出一定的关系,而且是正关系。举例来说,女生(0),男生(1),从 0 到 1 这个递增的过程中身高也是呈现增长趋势的,因而这就印证了性别决定了身高的趋势。

5. 中位数

中位数定义前面已经叙述过,这里计算身高的中位数,对应的方法为:

首先排序:$153,155,160,163,165,166,168,168,\mathbf{170,170},170,171,172,$
$174,175,177,180,182$

其中加粗部分是位于中间的,那么计算他们身高的中位数为 170,对应的代码为:

h_median <- median(class $ height)　　♯ 计算表 class1 中 height 列的中位数

6. 众数

首先说明众数在 R 中没有直接对应的函数,为了在 R 中实现众数,我们将用到两个函数:

which.max(x)　　♯给出列中频数最高的

table(x)　　♯给出这组数据的频数

例如,我们使用这样的方法计算众数:

h_mode <- which.max(table(class1 $ height))

♯ 计算 class1 表格中 height 列的频数

注:table(class1 $ height)将给出结果:上面对应数,下面对应出现了多少次。

153	155	160	163	165	166	168	**170**	171	172	174	175
1	1	1	1	1	1	2	**3**	1	1	1	1

which.max(table(class1 $ height))将会选择列中频数最高的那个。

7. 变异系数

(R 中也没有变异系数直接对应的函数)变异系数是指一个事物的均值会有多大程度上波动,也就是有多少百分比的值会波动,这个量用来描述这种波

动程度。我们把变异系数记作 CV,对应的公式为:

$$CV = \frac{\mathrm{sd}(x)}{\bar{x}}$$

如果我们计算身高的变异系数,对应的代码为:

```
h_cv <- sd(class1 $ height) / mean(class1 $ height)    #第一种:直接计算
h_cv <- h_sd/h_mean    #第二种:利用已知结果计算
```

8. 全距

全距又称区间长度或极差,是指一组数据的最大值与最小值的差。显然全距只要找到最大值和最小值即可,然后作差。有两种方法,其中一种方法为:

```
h_max <- max(class1 $ height)    #找到表格 class1 中 height 列的最大值
h_min <- min(class1 $ height)    #找到表格 class1 中 height 列的最小值
h_range <- h_max - h_min         #将 h_max - h_min 的值送到全距 h_range 中
```

另外一种方法就是:使用全距函数,只是 R 中的全局函数只能返回最大最小值,具体方法为:

```
h_min_max <- range(class1 $ height)
# 使用 range 函数返回 height 中最小和最大值
```

注:range 函数返回的是 [1] 153 182,也就是最小值排在前面,后面的是最大值。对于它的访问,我们可以使用方括号来访问,例如我们要访问 153,那么方法是 range[1],如果要访问 182 那么方法是 range[2],可以知道 153 前面的[1] 实际上就是访问的起始下标。我们把[n]称为下标。

那么计算它的全距代码放在一起就是:

```
h_min_max <- range(class1 $ height)    # 使用 range 函数返回 height 中最小和最大值
h_range <- range[2] - range[1]
```

9. 四分位

对于四分位的查询,它的 R 实现方式为:

如果我们想得到先前数据身高的四分位的具体分位点,可以使用如下方法:

```
h_quantile <- quantile(class1 $ height)
#直接给出分位点的数值,用访问下标访问
```

对应的结果为:

0%	25%	50%	75%	100%
153.00	165.25	170.00	173.50	182.00

如果我们想访问具体的分位数采用以下命令:

```
h_quantile[2]    #访问 1/4 分位点的值
```

10. 峰度

峰度对应的 R 函数代码为(由于 R 中不直接包含计算峰度的程序,因而需要安装扩展包):

```
install.packages("moments")    # 安装 moments 包
```

安装完扩展包后在使用峰度包前还需要加载这个包:

```
library(moments)    # 加载 moments 包

h_kuro <- kurtosis(class1 $ height)    # 计算 class1 表中 height 列的峰度
```

11. 偏度

R 代码中也没有偏度直接对应的函数,因此也需要载入 moments 这个包。

```
library(moments)    # 加载 moments 包

h_skew <- skewness(class1 $ height)    # 计算 class1 表中 height 列的偏度
```

12. 概率

有时我们需要对一组数据进行一些简单的概率的计算,例如给出了它的正态分布或者分布函数我们需要查询在这些分布下的概率为多少时,就需要利用 R 中的函数进行插叙了。

R 代码中提供了一些基本的概率查询函数(见表 4-1)。

表 4-1 概率分布缩写

分布名称	缩写	分布名称	缩写
Beta 分布	beta	Logistic 分布	logis
二项分布	binom	多项分布	multinom
柯西分布	cauchy	负二项分布	nbinom
χ^2(卡方)分布(非中心)	chisq	正态分布	norm
指数分布	exp	泊松分布	pois
F 分布	f	Wilcoxon 符号秩分布	signrank
Gamma 分布	gamma	t 分布	t
几何分布	geom	均匀分布	unif
超几何分布	hyper	Weibull 分布	weibull
对数正态分布	lnorm	Wilcoxon 秩和分布	wilcox

注意表 4-1 中函数是不能直接使用的,它们在使用时还需要在缩写前面加上下面的字母,用来区别同一个分布函数——密度函数、分布函数、分位数函数、随机数生成函数:

d	密度函数
p	分布函数
q	分位数函数
r	随机数生成函数(随机偏差)

例如,我们先得到正态分布的密度函数,那么代码写成:密度函数(dnorm)、分布函数(pnorm)、分位数函数(qnorm)和随机数生成函数(rnorm),就正态分布,我们分别给出使用方法(表 4-2):

表 4-2 使用方法

问题(已知均值 xav,标准差 s)	数学表达式	方法
给定 x,求 x 的概率 y	$y = P(x)$	y <- dnorm(x,xav,s)
给定 x,求 $X \leqslant x$ 的概率 y	$y = P(X \leqslant x)$	y <- pnorm(x,xav,s)
求 a 分位点 y		y <- qnorm(a,xav,s)
生成 n 个随机分布数据到 y		y <- qnorm(n,xav,s)

特别需要提示的是,一般情况下计算概率是计算左边的面积,即 $y = P(X \leqslant x)$,如果要计算右边的面积也就是 $y = P(X > x)$ 只需要加上 lower. tail = False

例如,已知随机变量 $X \sim N(0,1)$,求:

(1) $P(X < -1.64)$ (2) $P(X > 2.58)$ (3) $P(|X| \geqslant 2.56)$

(4) $P(0.34 \leqslant X < 1.53)$

我们根据上面给出的代码直接使用即可:

(1) $P(X < -1.64)$

代码:

```
pnorm(-1.64,0,1) #均值为 0,方差为 1,求 P(X < -1.64)
```

结果:

[1] 0.05050258

(2) $P(X > 2.58)$

代码:

```
pnorm(2.58,0,1,lower.tail = 0) #均值为 0,方差为 1,求 P(X > 2.58)
```

结果:

[1] 0.004940016

(3) $P(|X| \geqslant 2.56)$

93

注意由于 R 对于绝对值没有直接提供计算函数,因此需要先将这个问题转化为

$$P(|X| \geqslant 2.56) = P(X \leqslant -2.56) + P(X \geqslant 2.56)$$

或者根据正态分布的对称性有:$P(|X| \geqslant 2.56) = 2 \times P(X \geqslant 2.56)$

代码:

```
2 * pnorm(2.56,0,1,lower.tail = 0) #均值为0,方差为1,求2P(X≥2.56)
```

结果:

[1] 0.01046722

注:R 中 * 号代表乘号。

(4) $P(0.34 \leqslant X < 1.53)$

同样这里也需要进行转化:

$$P(0.34 \leqslant X < 1.53) = P(X < 1.53) - P(X < 0.34)$$

代码:

```
pnorm(1.53,0,1) - pnorm(0.34,0,1) #均值为0,方差为1,求P(0.34≤X<1.53)
```

结果:

[1] 0.303 919 9

二、实践操作

例 4-1　观测某一罐头车间随机抽取 100 听罐头样品,分别称取其质量(见表 4-3),计算其平均数、方差、标准差及变异系数。

表 4-3　100 听罐头样品的净重　　　　　　　　　　　　单位:g

338.2	344.0	340.3	335.1	342.5	343.4	341.1	345.2	346.8	350.0
337.3	344.0	339.9	331.2	341.7	343.2	341.1	344.4	346.3	350.0
338.4	344.1	340.5	335.4	342.5	343.5	341.2	345.3	347.0	350.2
338.7	344.2	340.6	336.0	342.6	343.7	341.3	346.0	347.2	350.3
339.2	344.2	340.7	336.0	342.7	343.7	341.3	346.0	347.2	352.8
339.8	344.3	341.0	336.7	342.9	344.0	341.4	346.2	348.2	356.1
339.9	344.3	341.1	337.2	343.0	344.0	341.4	346.2	349.0	358.2
338.0	344.0	340.3	333.4	342.5	343.3	341.1	344.9	346.6	350.0
338.6	344.1	340.5	335.7	342.6	343.5	341.2	346.0	347.1	350.2
339.7	344.2	341.0	336.4	342.8	343.9	341.4	346.1	347.3	353.3

数据来源:王钦德,杨坚. 食品试验设计与统计分析基础(第 2 版). 北京:中国农业大学出版社,2009. 第 2 章

获取数据:将上面的数据输入到文本文件 data1.txt 中,如图 4-1 所示。

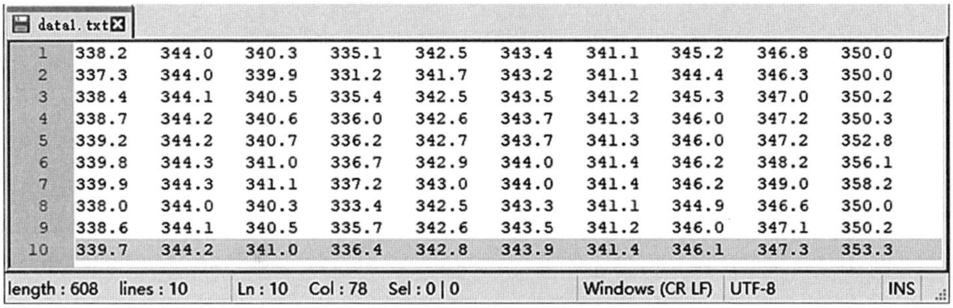

1	338.2	344.0	340.3	335.1	342.5	343.4	341.1	345.2	346.8	350.0
2	337.3	344.0	339.9	331.2	341.7	343.2	341.1	344.4	346.3	350.0
3	338.4	344.1	340.5	335.4	342.5	343.5	341.2	345.3	347.0	350.2
4	338.7	344.2	340.6	336.0	342.6	343.7	341.3	346.0	347.2	350.3
5	339.2	344.2	340.7	336.2	342.7	343.7	341.3	346.0	347.2	352.8
6	339.8	344.3	341.0	336.7	342.9	344.0	341.4	346.2	348.2	356.1
7	339.9	344.3	341.1	337.2	343.0	344.0	341.4	346.2	349.0	358.2
8	338.0	344.0	340.3	333.4	342.5	343.3	341.1	344.9	346.6	350.0
9	338.6	344.1	340.5	335.7	342.6	343.5	341.2	346.0	347.1	350.2
10	339.7	344.2	341.0	336.4	342.8	343.9	341.4	346.1	347.3	353.3

length : 608　　lines : 10　　Ln : 10　　Col : 78　　Sel : 0 | 0　　Windows (CR LF)　UTF-8　　INS

图 4-1　数据输入文本编辑器中

注:将数据输入文本中时可以使用制表符隔开各个数据,看着很直观,制表符就是键盘上最左边的 Tab 按键。对于大量数据,我们建议将数据整理成一列,或者方阵形式,这样可有效减少数据处理的难度。

保存后导入到 Rstudio 中:(具体方法见上一节),如图 4-2 所示。

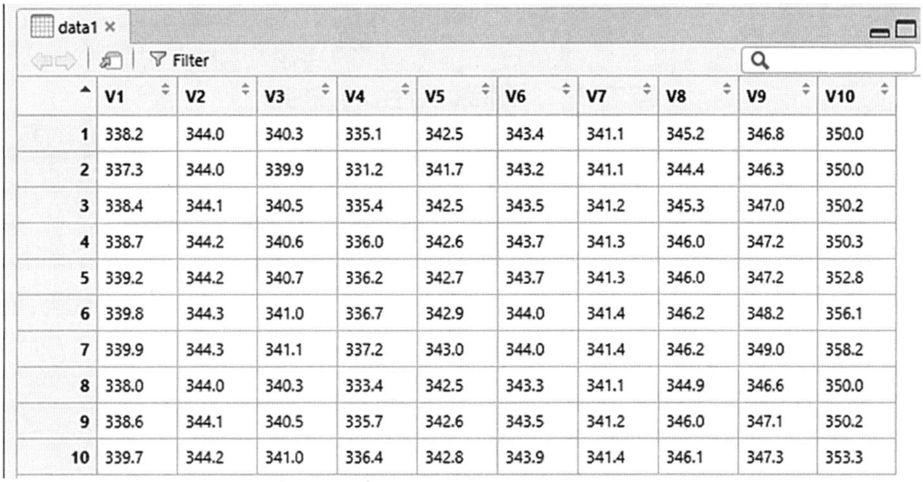

	V1	V2	V3	V4	V5	V6	V7	V8	V9	V10
1	338.2	344.0	340.3	335.1	342.5	343.4	341.1	345.2	346.8	350.0
2	337.3	344.0	339.9	331.2	341.7	343.2	341.1	344.4	346.3	350.0
3	338.4	344.1	340.5	335.4	342.5	343.5	341.2	345.3	347.0	350.2
4	338.7	344.2	340.6	336.0	342.6	343.7	341.3	346.0	347.2	350.3
5	339.2	344.2	340.7	336.2	342.7	343.7	341.3	346.0	347.2	352.8
6	339.8	344.3	341.0	336.7	342.9	344.0	341.4	346.2	348.2	356.1
7	339.9	344.3	341.1	337.2	343.0	344.0	341.4	346.2	349.0	358.2
8	338.0	344.0	340.3	333.4	342.5	343.3	341.1	344.9	346.6	350.0
9	338.6	344.1	340.5	335.7	342.6	343.5	341.2	346.0	347.1	350.2
10	339.7	344.2	341.0	336.4	342.8	343.9	341.4	346.1	347.3	353.3

图 4-2　查看数据

显然我们仍然需要对数据进行处理,为了便于计算,我们将 10 列转化为 1 列,使用的是数据绑定的方法:

```
d <- unlist(data1,1,0)
#将 data1 直接由矩阵转化为一行数据列并将结果送到变量 d 中
```

这样我们就得到一个一维的数据,因此可以直接进行计算,那么它的均值、标准方差、变异系数分别为:

```
sd(d)    # 计算标准方差
    [1] 4.583887
mean(d)   # 计算均值
    [1] 343.13
```

计算变异系数可以使用：

```
sd(d) / mean(d)     # 直接计算变异系数
    [1] 0.013 359 04
```

例 4-2 计算 10 只仔鸡体重 450,450,500,500,500,550,550,550,600, 600,650(g)的平均数、方差、标准差及变异系数。

这是一个小规模的数据,因此我们可以直接使用代码解决。具体代码如下：

```
d2 <- c(450,450,500,500,500,550,550,550,600,600,650)  # 将数据输入到变量 d2 中
sd(d2);mean(d2);sd(d2)/mean(d2);  # 同一行中每个计算用";"号隔开
    [1] 63.603 89   [1] 536.363 6   [1] 0.118 583 5
```

以上三个数值依次是标准方差、均值、变异系数。

第二节　频数表与概率表

1. 一维频数表

当我们只考虑对同一个量进行计数时,就可以使用一维频数表进行统计,例如我们只对班级中所有学生的身高进行计数,那么就可以使用下面的代码：

```
table(class1 $ height)   # 只对一个变量进行频数统计
```

得到的结果为：

```
153 155 160 163 165 166 168 170 171 172 174 175 177 180 182
 1   1   1   1   1   1   2   3   1   1   1   1   1   1   1
```

2. 一维区间频数表

在统计分析中经常使用的一个统计量就是区间频数,区间频数是指一组数据中某一段区间内所有数的总数,例如一个班级中按照身高分为三个段 153～163、164～174、175～185,经过最后的计数,我们知道 153～163 之间有 4 人,那么 4 就是频数,我们将所有的频数做成表格,那么这个表格就是频数表。当然我们也会遇到只是简单统计每个值会有几个的简单频数。比如上面的众数中 170 出现了 3 次,那么它的频数就是 3。

在 R 中提供了频数表的函数,因此我们很容易得到频数表,二维的频数表也很容易得到(需要注意的是通常我们将数据均匀地分割在长度相同的区间内进行计数)。

首先我们需要将数据分割成三个长度相等的区间,R 中提供了 cut 函数来进行分区,只是 cut 函数是对我们已知的数据都标定一个区间,例如上面的身高数据:

155,170,168,165,182,171,174,172,170,168,180,175,166,170,177,160,163,153

代码:

```
cut(class1 $ height,breaks = c(152,163,172,185))
♯将身高在(152,163],(163,172],(172,185]三个区间进行标定
```

会将它分析成:

```
[1] (152,163] (163,172] (163,172] (163,172] (172,185] (163,172]
[7] (172,185] (163,172] (163,172] (163,172] (172,185] (172,185]
[13] (163,172] (163,172] (172,185] (152,163] (152,163] (152,163]
Levels: (152,163] (163,172] (172,185]
```

注意结果是对应的,比如 155 的身高对应加粗区间(152,163],182 的身高对应(172,185]

这样我们可以直接用频数函数 table 来给出频数表。具体代码为:

```
cut_result <- cut(class1 $ height,breaks = c(152,163,172,185))
♯首先给每个值标定给定区间,并将结果送给一个变量
table(cut_result)♯用分组后的结果生成频数表
```

生成的结果为:

```
(152,163] (163,172] (172,185]
    4         9         5
```

3. 二维频数表

一维频数表中我们只是给出一定区间的身高数,但是并没有给出不同性别的统计频数表,这里对于这样的问题我们仍然使用一维频数表的函数进行处理,如果想加入一个列,直接在 table 函数中添加一个变量即可。

我们直接给出代码:

```
table(class1 $ sex,cut_result)    ♯按照性别和分过组的身高进行统计,并生成频数表
```

得到结果:

```
  (152,163] (163,172] (172,185]
0     4         4         0
1     0         5         5
```

4. 概率表

概率表是对频数表的进一步计算,对于上面的一维频数表、区间表、二维表,我们只需要添加几个字母就可以实现概率表的呈现,我们分别给出代码和结果:

一维概率表:

prop.table(class1 $ height)   ♯只需要在前面加上 prop.就可以算出对应的概率

生成结果为:

[1] 0.05100362   0.05593945   0.05528134   0.05429418   0.05988812   0.05626851

[7] 0.05725568   0.05659756   0.05593945   0.05528134   0.05923001   0.05758473

[13] 0.05462323   0.05593945   0.05824284   0.05264890   0.05363606   0.05034551

对于一维区间概率表(区间表稍微需要进行一些修改),首先将一维区间频数表作为结果,再计算它的概率情况:

prop.table(table(cut_result))   ♯嵌套使用 table 可以计算出区间概率

生成结果为:

cut_result

(152,163]	(163,172]	(172,185]
0.222 222 2	0.500 000 0	0.277 777 8

对于二维概率表,我们同样可以直接参照一维区间表的方式进行:

prop.table(table(class1 $ sex,cut_result)) ♯直接利用二维频数表的结果计算概率

生成结果为:

cut_result

	(152,163]	(163,172]	(172,185]
0	0.2222222	0.2222222	0.0000000
1	0.0000000	0.2777778	0.2777778

5. 频数表 R 替代方案

与 table 函数相似的还有 xtabs 函数,它提供了对于数据表而言更为简单的操作方式,也就是不需要每次都要在列变量前加上表的名字,同时结果中也分别给出了行和列的名称。例如二维频数表使用 xtabs 就会是这样的效果:

xtabs(～sex＋height,class1) ♯设置 class1 表中的 sex 为行,height 为列,并给出频数表

生成结果为:

height

sex	153	155	160	163	165	166	168	170	171	172	174	175	177	180
0	1	1	1	1	1	1	0	2	0	0	0	0	0	0
1	0	0	0	0	0	0	2	1	1	1	1	1	1	1

但是我们也发现,xtabs 对于区间频数表不能很好地操作,因为 xtabs 的数据必须满足长度相同且在同一个表中。而 table 就没有这样的硬性要求。

练习与作业

1. 利用本章例 1 中的例子,分别计算标准方差、全距、峰度。
2. 完成本章例 1 中的例子,给出一维区间频数表。

第五章　SPSS 样本均值检验

第一节　平均值分析

一、实验目的

掌握平均值的构造原理及其意义。

掌握获得平均值分析的 SPSS 操作方法。

学习运用平均值分析对本专业实际问题的一般解决方法。

二、理论知识

平均值的理论参见前面描述性统计部分理论,不再赘述。SPSS 可根据一个或几个分类自变量,计算指定因变量各组平均值。分组计算的描述统计量,包括平均值、中位数、几何平均数、最大值、最小值、标准差、方差等一系列单变量描述统计量,而且可以给出方差分析表和线性检验结果。

三、实验内容

将第一章数据文件 sujuguanli12.sav 按照奶牛不同胎次统计计算产奶量的平均数、标准差。

四、实验步骤

(1) 打开数据文件"sujuguanli1.sav"。

(2) 执行"分析($\underline{A}$) → 比较平均值($\underline{M}$) → 平均值($\underline{M}$)"命令,如图 5-1 所示,打开"平均值"对话框,如图 5-2 所示。

(3) 在"平均值"对话框中,从左边列表中选择"奶量" 移入右边的"因变量列表

（D）"下面的空白框中,选择"胎次"移入右侧的"自变量列表",如图 5-2 所示。

（4）在"平均值"对话框中点击"选项（O）"按钮,打开"平均值:选项"对话框,从左边列表中选择"平均数""个案数""标准差"移入右边的"单元格统计（C）"下面的空白框中,如图 5-3 所示。

（5）点击"继续"按钮返回"平均值"对话框。点击"确定"按钮,提交系统运行。

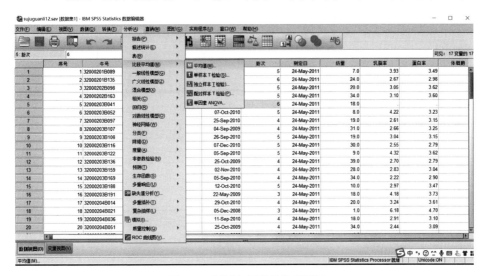

图 5-1　"分析:平均值"对话框

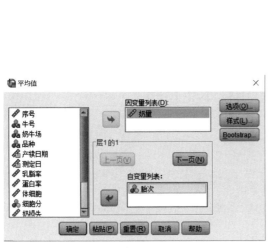

图 5-2　"平均值"对话框

图 5-3　"平均值:选项"对话框

五、实验结果与分析

实验结果见表 5-1,80 头奶牛依胎次分别统计的产奶量平均值、个体数、标准差。

表 5-1　报告

胎次	平均值	例数	标准偏差
1	26.000	2	14.142 1
2	30.000	7	12.490 0
3	23.586	29	11.896 9
4	28.480	25	10.855 6
5	21.733	15	10.340 4
6	21.000	2	4.242 6
总计	25.325	80	11.342 5

练习与作业

1. 将第一章数据文件 sujuguanli12.sav 按照奶牛不同胎次统计计算乳脂率、蛋白率的平均数、中位数、标准差。

2. 某种公牛站测得 10 头成年公牛的体重分别为:500、520、535、560、585、600、480、510、505、490(kg)。建立数据文件,计算该样本的算术平均数。

资料来源:明道绪. 生物统计附试验设计(第三版). 北京:中国农业出版社,2002.第 3 章

第二节　单样本 t 检验

一、实验目的

掌握单样本 t 检验的定义及相关概念。

理解单样本 t 检验的原理。

掌握单样本 t 检验的理论计算方法。

运用 SPSS 软件进行单样本 t 检验。

能够运用单样本 t 检验解决本专业实际问题。

二、理论知识

1. 单样本 t 检验

单样本 t 检验是检验某个样本所在的总体平均值和某个已知的总体平均数(即检验值,通常为公认的理论值、经验值或期望数值,如畜禽正常生理指标、生产性能指标等)之间是否存在显著差异的一种假设检验方法,也可理解为检验一个样本是否来自某一特定总体的统计分析方法。

2. 单样本 t 检验基本原理和步骤

(1) 提出假设。单样本 t 检验的无效假设(原假设)H_0:总体均值与检验值之间不存在显著性差异,即 $H_0:\mu=\mu_0$。备择假设 H_A:总体均值与检验值之间存在显著性差异,即 $H_A:\mu\neq\mu_0$。其中 μ 为总体均值,μ_0 为检验值。

(2) 在无效假设(原假设)成立的前提下,构造检验统计量。当总体分布为正态分布时 $N\sim(\mu,\sigma^2)$,根据样本平均数抽样分布原理可知,样本平均值 $\overline{X}$ 的抽样分布仍然是正态分布,该正态分布的平均值为 μ,方差为 σ^2/n,其中 μ 为总体平均值,σ^2 为总体方差,n 为样本容量。总体分布不服从正态分布时,当样本容量 n 较大($n>30$)时,根据中心极限定理,样本平均值也近似服从正态分布。当样本方差已知时,可以构造 Z 统计量:

$$Z=\frac{\overline{X}-\mu_0}{\sigma/\sqrt{n}}$$

Z 统计量服从标准正态分布。当总体方差未知时,且样本容量 n 较小($n<30$)时,用样本标准差 S 代替总体标准差 σ,可构造 t 统计量:

$$t=\frac{\overline{X}-\mu_0}{S/\sqrt{n}}\sim t(n-1)$$

其中 $\overline{X}$ 为样本平均数;μ_0 为总体平均数;S 为样本标准差;t 统计量服从自由度为 $n-1$ 的 t 分布。SPSS 单样本 t 检验的检验统计量即为 t 统计量。

(3) 计算检验统计量。样本信息输入 SPSS 后,软件会自动计算出 t 统计量的取值,并给出相应的伴随概率 P 值(SPSS 用 Sig. 表示)。

(4) 统计推断。对给定的显著性水平 α(常取 0.05 和 0.01),与检验统计量相对应的伴随概率 P 值进行比较。如果 P 值小于显著性水平 α,说明小概率事件发生了,根据"小概率事件实际不可能性原理"则拒绝原假设,认为总体均值与检验值之间存在显著性或极显著性(<0.05 或 <0.01)差异;反之,如果 P 值

大于显著性水平 α，说明大概率事件发生了，则不能拒绝原假设，认为总体均值与检验值之间无显著性差异。

三、实验内容

按饲料配方规定，每 1 000 kg 某种饲料中维生素 C 不得少于 246 g，现从工厂的产品中随机抽测 12 个样品，测得每 1 000 kg 饲料中维生素 C 含量如下：255、260、262、248、244、245、250、238、246、248、258、270（g）。若样品的维生素 C 含量服从正态分布，问此产品是否符合规定要求？

数据来源：明道绪. 生物统计附试验设计(第三版). 北京：中国农业出版社，2002.第 5 章

四、实验步骤

1. 数据输入

定义变量"维生素 C 含量"，将测得 12 个样品的维生素 C 含量按列输入 SPSS 数据管理窗口的电子表格中(图 5-4)。

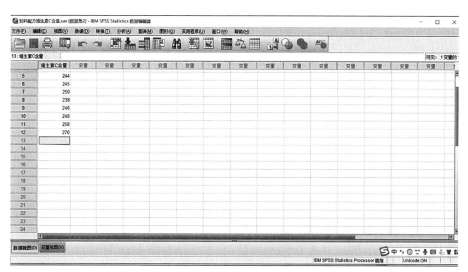

图 5-4 "维生素 C 含量"数据视图

2. 操作步骤

(1) 从菜单栏选择"分析→比较均值→单样本 T 检验"命令，打开如图 5-5 所示的"单样本 T 检验"对话框。

(2) 将变量"维生素 C 含量"选入"检验变量"列表框，并在"检验值"框中输入已知总体平均数 246，见图 5-6。

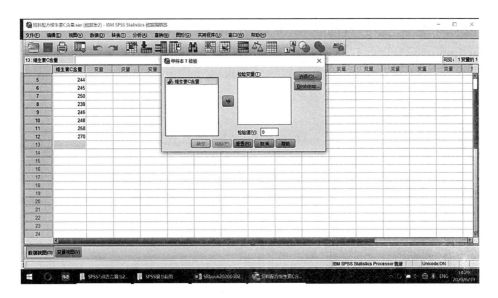

图 5-5 "单样本 T 检验"对话框

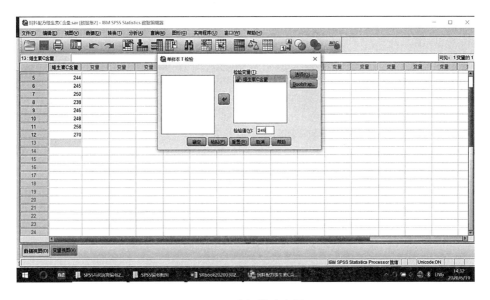

图 5-6 选入检验变量

(3) 单击"选项"按钮定义其他选项,出现如图 5-7 所示对话框。

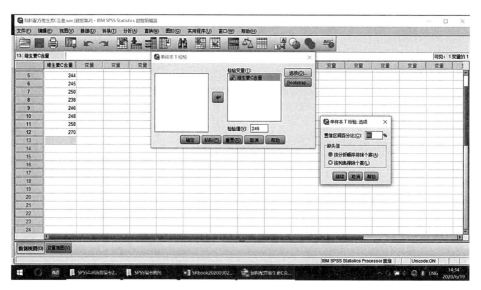

图 5-7 置信区间与缺失值处理

对该对话框指定输出内容和缺失值的处理方法如下：

"置信区间百分比(C)"：显示平均数与检验值差值的置信区间，默认值为
95%，可输入 1～99 间的数值作为置信度，更改较多的为 99%。

"缺失值"：当有多个检验变量中含有缺失值时，可以选择下面两种缺失值
的处理方法：

"按分析顺序排除个案(A)"：剔除各分析中含有缺失值的个案，对于每个检
验均使用所有有效个案，各检验的样本数可能不同。

"按列表排除个案(L)"：剔除含有缺失值的全部个案，即所有检验变量均为
有效值的个案才参与分析，所有检验的样本数相等。

本例全部选择 SPSS 系统默认。

（4）单击"继续"按钮，返回"单样本 T 检验"对话框，单击"确定"按钮，SPSS
自动完成计算。SPSS 结果输出窗口就会给出所需要的结果。

五、实验结果与分析

表 5-2 单样本统计

	例数	平均值	标准偏差	平均值的标准误差
维生素 C 含量	12	252.00	9.115	2.631

由结果表 5-2"单样本统计"可以看出，12 个样品维生素 C 含量的平均数为 252.00，标准差为 9.115，平均值的标准误差为 2.631。

表 5-3　单样本检验

	检验值 = 246					
	t	自由度	显著性（双尾）	平均差	差值的 95% 置信区间	
					下限	上限
维生素 C 含量	2.280	11	.044	6.000	.21	11.79

由结果表 5-3"单样本检验"可以看出，本例的检验值为 246，样本均值和检验值差为 6.000，差值的 95% 的置信区间为 (0.21, 11.79)，表示 95% 的样本差值在该区间。计算得到的 $t = 2.280$，相应的伴随概率 $Sig. = 0.044$，这里需要注意 SPSS 默认直接输出双尾检验结果，本例实际上是单尾检验，所以，我们需要将右侧检验的概率计算出，即：$P = (Sig.)/2 = 0.044/2 = 0.022$，小于显著性水平 0.05，则接受备择假设，可以认为该批饲料维生素 C 含量符合规定要求。

练习与作业

1. 随机抽测了 10 只兔的直肠温度，其数据为：38.7、39.0、38.9、39.6、39.1、39.8、38.5、39.7、39.2、38.4（℃），已知该品种兔直肠温度的总体平均数 $\mu_0 = 39.5$（℃）。试检验该样本平均温度与 μ_0 是否存在显著差异。

数据来源：明道绪. 生物统计附试验设计(第三版). 北京：中国农业出版社,2002.第 5 章.

2. 母猪的怀孕期为 114 天，今抽测 10 头母猪的怀孕期分别为：116、115、113、112、114、117、115、116、114、113（天）。试检验所得样本的平均数与总体平均数 114 天有无显著差异。

数据来源：明道绪. 生物统计附试验设计(第 3 版). 北京：中国农业出版社,2002.第 5 章

3. 某屠宰场收购了一批商品猪，一位有经验的收购人员估计这批猪的平均体重为 100 kg，现随机抽测 10 头猪进行称重，得体重数据如下：115,98,105,95,90,110,104,108,92,118（kg），试检验此收购人员的估计是否正确？

数据来源：谢庄,贾青.兽医统计学. 北京：高等教育出版社,2006. 第 4 章

4. 正常人的脉搏平均为 72 次/min，现某医生测得 11 例慢性铅中毒者的脉搏为：54,67,68,68,78,70,66,67,70,65,69，试检验铅中毒者的脉搏是否显著于正常人的脉搏。

数据来源：张勤. 生物统计学(第 2 版). 北京：中国农业大学出版社,2008.第 5 章

5. 在鱼塘中 10 个点取水样,测定水中含氧量(mg/L),得数据:4.33,4.62,3.89,4.14,4.78,4.64,4.52,4.55,4.48,4.26(经检验数据符合正态分布),能否认为该鱼塘水中总体含氧量为 4.5(mg/L)?

数据来源:徐继初. 生物统计及试验设计. 北京:中国农业出版社,1992.第 4 章

第三节　两独立样本 t 检验

一、实验目的

理解两独立样本 t 检验的相关概念、原理。

掌握两独立样本 t 检验的理论计算方法。

能够运用 SPSS 软件进行两独立样本 t 检验。

能够运用两独立样本 t 检验解决本专业实际问题。

二、理论知识

1. 两独立样本 t 检验定义

所谓两独立样本是指两个样本之间彼此独立,没有任何关联,两组样本容量可以相等也可以不等,且样本内部个体顺序可以随意调整。两个独立样本来自各自的正态分布总体,但两个样本的观测指标必须一致。两独立样本 t 检验是根据来自两个正态分布总体的独立样本,推断两个正态分布总体的平均值是否存在显著差异的检验,即检验第一个样本的平均值 $\bar{x}_1$ 其总体平均值 μ_1 与第二个样本的平均值 $\bar{x}_2$ 其总体平均值 μ_2 间差异是否显著。它经常用于动物科学研究中比较两种不同处理其效应的差异显著性。动物科学上,通常是将一定数量的试验单位(一般为试验动物的个体)随机分成两组,其中一组接受一种处理(例如:某种药物治疗、某类饲料饲养等),另一组接受另一种处理(例如:对照等),比较它们的总体平均值有无差异。

2. 两独立样本 t 检验基本原理和步骤

(1)提出假设。两独立样本 t 检验的无效假设(原假设)H$_0$:两总体均值无显著性差异,即H$_0$:$\mu_1 - \mu_2 = 0$,其中 μ_1,μ_2 分别为第一个正态分布总体均值和第二个正态分布总体的均值。备择假设H$_A$:两总体均值有显著性差异,即H$_A$:$\mu_1 - \mu_2 \neq 0$。

(2)在无效假设(原假设)成立的前提下,构造检验统计量。由样本均值差

$\overline{X}_1 - \overline{X}_2$ 的抽样分布理论可知,当两总体分布均为正态分布分别为 N (μ_1,σ_1^2) 和 $N(\mu_2,\sigma_2^2)$ 时,分别取自两总体的独立样本均值差 $\overline{X}_1 - \overline{X}_2$ 的抽样分布仍是正态分布,且该正态分布的平均值为 $\mu_1 - \mu_2$,方差为 $\sigma_{\overline{x}_1 - \overline{x}_2}^2 = \dfrac{\sigma_1^2}{n_1} + \dfrac{\sigma_2^2}{n_2}$。

当两总体方差已知的情况下,即 σ_1^2,σ_2^2 已知(或 σ_1^2,σ_2^2 虽未知,但两样本均为大样本时),两独立样本假设检验构造的统计量是 Z(或近似 Z)统计量,即:

$$Z = \frac{(\overline{X}_1 - \overline{X}_2) - (\mu_1 - \mu_2)}{\sqrt{\dfrac{\sigma_1^2}{n_1} + \dfrac{\sigma_2^2}{n_2}}} \quad \text{或} \quad Z \doteq \frac{(\overline{X}_1 - \overline{X}_2) - (\mu_1 - \mu_2)}{\sqrt{\dfrac{S_1^2}{n_1} + \dfrac{S_2^2}{n_2}}}$$

其中:σ_1^2,σ_2^2 分别是第一个和第二个样本的总体方差,S_1^2,S_2^2 分别为第一个和第二个样本的样本方差,n_1,n_2 分别为第一个和第二个样本的样本容量。

当两总体方差未知且相同(方差同质或齐性)的情况下,即 $\sigma_1^2 = \sigma_2^2$,小样本 $(n < 30)$ 数据采用合并的方差作两个总体方差的估计,即:

$$\overline{S}^2 = \frac{(n_1 - 1)S_1^2 + (n_2 - 1)S_2^2}{n_1 + n_2 - 1}$$

此时两样本均值差的抽样分布的方差 $S_{\overline{x}_1 - \overline{x}_2}^2 = \dfrac{\overline{S}^2}{n_1} + \dfrac{\overline{S}^2}{n_2}$。构造的 t 统计量计算公式为:

$$t = \frac{(\overline{X}_1 - \overline{X}_2) - (\mu_1 - \mu_2)}{\sqrt{\dfrac{\overline{S}^2}{n_1} + \dfrac{\overline{S}^2}{n_2}}}$$

由于 $\mu_1 - \mu_2 = 0$(原假设),所以可以略去。这里的 t 统计量服从自由度为 $n_1 + n_2 - 2$ 的 t 分布。

当两总体方差未知且不同(方差不同质)的情况下,即 $\sigma_1^2 \neq \sigma_2^2$,分别用样本方差代替总体方差,此时两样本均值差的抽样分布的方差为 $S_{\overline{x}_1 - \overline{x}_2}^2 = \dfrac{S_1^2}{n_1} + \dfrac{S_2^2}{n_2}$。定义 t 统计量的计算公式为:

$$t = \frac{(\overline{X}_1 - \overline{X}_2) - (\mu_1 - \mu_2)}{\sqrt{\dfrac{S_1^2}{n_1} + \dfrac{S_2^2}{n_2}}}$$

$\mu_1 - \mu_2 = 0$ 同样可以略去。这时 t 统计量仍然为 t 分布,但自由度采用修正的自由度:

$$df = \frac{\dfrac{S_1^2}{n_1} + \dfrac{S_2^2}{n_2}}{\dfrac{\left(\dfrac{S_1^2}{n_1}\right)^2}{n_1} + \dfrac{\left(\dfrac{S_2^2}{n_2}\right)^2}{n_2}}$$

由于两总体方差已知的情况下,即 σ_1^2, σ_2^2 已知的 Z 检验在实际研究中的情况较少见,大部分遇到的是两总体方差未知的情况。因此,实际计算时,先检验两总体的方差是否相等,SPSS 采用 Levene F 方法检验两总体均值是否相等,然后决定计算统计量。另外,σ_1^2, σ_2^2 未知,但两样本均为大样本($n_1 > 30, n_2 > 30$)时,实际上可以近似 Z 统计量,也可以构造 t 统计量,只不过 t 统计量更精确。

(3)计算检验统计量。样本数据输入 SPSS 后,SPSS 首先会根据 Levene F 方法计算出 F 值和伴随概率 P 值,然后分别计算出方差同质和方差不同质条件下的 t 统计量观测值和对应的伴随概率 P 值。

(4)统计推断。

① 方差同质性(齐性)检验:给定显著性水平 α 以后,SPSS 会先利用 F 检验判断两正态总体的方差是否同质(相等),并由此决定后面的 t 值计算方法和结果。在 SPSS 22.0 中,如果 F 检验统计量的伴随概率 P 值小于显著性水平 α,则拒绝两总体方差相等的原假设,认为两总体方差有显著性差异(即两总体方差不同质),在输出结果中大家需要选择两总体方差未知且不同的情况下,计算的 t 检验统计量值。反之,如果伴随概率 P 值大于显著性水平 α,则接受原假设,认为两总体方差无显著性差异(即两总体方差相等)。在输出结果中需要选择两总体方差未知且相同的情况下计算的检验统计量 t 值。

② 平均值检验:如果 t 检验统计量的伴随概率 P 值大于显著性水平 α(常取 0.05 和 0.01 两个显著性水平),则接受原假设,认为两总体均值不存在显著差异;反之,如果 t 检验统计量的伴随概率 P 值小于显著性水平 α,则拒绝原假设,认为两总体均值间存在显著性或极显著(<0.05 或<0.01)差异。

三、实验内容

有人曾对公雏鸡做了性激素效应试验。将 22 只公雏鸡完全随机地分为两组,每组 11 只。一组接受性激素 A(睾丸激素)处理;另一组接受激素 C(雄烯醇酮)处理。在第 15 天取它们的鸡冠分别称重,所得数据如下:

表 5-4　鸡冠重量

激素	鸡冠重量(mg)									
A	57	120	101	137	119	117	104	73	53	68	118
C	89	30	82	50	39	22	57	32	96	31	88

数据来源:明道绪. 生物统计附试验设计(第三版). 北京:中国农业出版社,2002.第 5 章

问激素 A 与激素 C 对公雏鸡鸡冠重量的影响差异是否显著? 并分别求出接受激素 A 与激素 C 的公雏鸡鸡冠重总体平均数的 95％置信区间。

四、实验步骤

(1) 在 SPSS 22.0 中建立数据文件"独立样本 T 检验.sav",如图 5-8 所示。

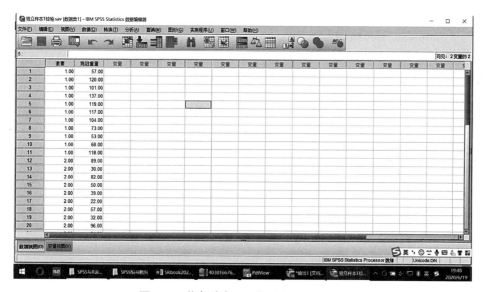

图 5-8　激素对鸡冠重量影响的数据视图

(2) 选择"分析→比较均值→独立样本 T 检验",打开"独立样本 T 检验"主对话框,如图5-9 所示。

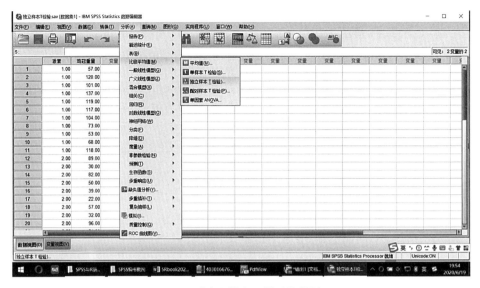

图 5-9 "独立样本 T 检验"对话框

（3）在如图 5-10 所示的"独立样本 T 检验"对话框中，相关内容介绍如下：

检验变量（T）：用于选择所需检验的变量。变量个数可以为 1 个或以上，当选择变量多于 1 个时，分别对每个变量进行 T 检验。

分组变量（G）：用于选择总体标识变量，可以是数值或串变量。

本例在"独立样本 T 检验"对话框左端的变量列表将要检验的变量"鸡冠重量"添加到右边的检验变量列表中；把标识变量"激素"移入分组变量框中。

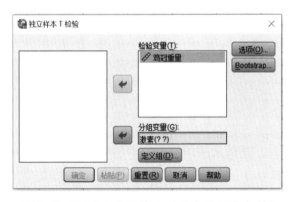

图 5-10 "独立样本 T 检验：检验变量（T）"对话框

（4）单击"定义组"按钮定义两总体的标识值，显示如图 5-11 所示对话框。

使用指定值（U）：可分别输入两个对应两个不同总体的变量值（可以为小

数),在组1和组2后面的文本框中分别输入这两个值,对于短字符串分组变量,可输入相应的字符,如"yes"或"no"。含有其他数值或字符串的个案将不参与统计分析。

分割点(C):输出一个数值,将个案分成两组,小于该值的个案组成一组,对应一个总体,大于等于该值的个案组成另一组,对应另一个总体。

本例在组1后面的文本框中输入1,在组2后面的文本框中输入2,单击"继续"按钮,返回"独立样本T检验"对话框。

图5-11　"独立样本T检验"定义组

(5)单击"选项"按钮定义其他选项,出现如图5-12所示对话框。该对话框中的选项含义与前述"单样本T检验"相同。

图5-12　置信区间与缺失值处理

(6)单击"继续"按钮,返回"独立样本T检验"对话框,单击"确定"按钮,SPSS自动完成计算。可在SPSS结果输出窗口查看器中查看所需要的结果。

五、实验结果与分析

1. 描述性统计分析

由表5-5可以看出,两种激素处理的鸡冠重量平均值分别为97.00和56.00,标准差分别为29.106 7和27.835 23,平均值的标准误差分别为8.776 00和8.392 64。

表 5-5　组统计

	激素	例数	平均值	标准偏差	平均值的标准误
鸡冠重量	A	11	97.000 0	29.106 7 0	8.776 00
	C	11	56.000 0	27.835 23	8.392 64

2. 独立样本 t 检验

首先进行方差齐性检验 $H_0: \sigma_1^2 = \sigma_2^2$，由 Levene 方差齐性检验两列(表第二列和第三列)可知 F 值为 0.03，对应的伴随概率($Sig.$)为 0.865，大于显著性水平 0.05，接受方差相等的假设，可以认为激素 A 和激素 C 的方差无显著差异。

其次，t 检验的结果，$H_0: \mu_1 = \mu_2$，由平均值相等性的 t 检验栏下的第二行可知：$t = 3.376$，相应的伴随概率 $Sig. = 0.003$，小于显著性水平 0.05，则否定 t 检验的原假设，可认为激素 A 和激素 C 处理的鸡冠重量均值存在显著性差异。

表 5-6　独立样本检验

		Levene 方差齐性检验		平均值相等的 t 检验						
		F	显著性	t	自由度	显著性(双尾)	平均差	标准误的差值	差值的 95% 置信区间	
									下限	上限
鸡冠重量	已假设方差齐性	.030	.865	3.376	20	.003	41.000 00	12.143 09	15.669 97	66.330 03
	未假设方差齐性			3.376	19.960	.003	41.000 00	12.143 09	15.666 73	66.333 27

练习与作业

1. 分别测定了 10 只大耳白家兔、11 只青紫蓝家兔在停食 18 h 后正常血糖值如表 5-7 所示。问该两个品种家兔的正常血糖值是否有显著差异？

表 5-7　大耳白家兔与青紫蓝家兔血糖值　　　　　　　　(单位:mg/dl)

大耳白	57	120	101	137	119	117	104	73	53	68	
青蓝紫	89	36	82	50	39	32	57	82	96	31	88

数据来源:明道绪. 生物统计附试验设计(第三版). 北京:中国农业出版社,2002.第 5 章

2. 某家禽研究所对粤黄鸡进行饲养对比试验,试验时间为 60 天,增重结果如表 5-8 所示,问两种饲料对粤黄鸡的增重效果有无显著差异？

表 5-8　粤黄鸡饲养试验增重数据

饲料	增　重(g)							
A	720	710	735	680	690	705	700	705
B	680	695	700	715	708	685	698	688

数据来源:明道绪. 生物统计附试验设计(第3版). 北京:中国农业出版社,2002.第5章

3. 为比较果蝇中 TPI 酶的活性(μmol/min)在 pH=5 和 pH=8 时是否有区别,将 10 只果蝇随机分成两组,一组测定在 pH=5 下的 TPI 酶的活性;另一组测定在 pH=5 下的 TPI 酶的活性,结果如下:

表 5-9　果蝇中不同 pH 下 TPI 酶的活性　　　单位:μmol/min

	1	2	3	4	5
pH=5	11.1	10.0	13.3	10.5	11.3
pH=8	12.0	15.3	15.1	15.0	13.2

数据来源:张勤. 生物统计学(第2版). 北京:中国农业大学出版社,2008.第5章

问:两种 pH 下的平均 TPI 活性是否有显著差异?

4. 表 5-10 为随机抽取的富士和红富士苹果果实各 11 个的果肉硬度数据,问两品种的果肉硬度有无显著差异?

表 5-10　富士和红富士苹果果实的果肉硬度　　　单位:磅/cm²

品种	果实序号										
	1	2	3	4	5	6	7	8	9	10	11
富士	14.5	16.0	17.5	19.0	18.5	19.0	15.5	14.0	16.0	17.0	19.0
红富士	17.0	16.0	15.5	14.0	14.0	17.0	18.0	19.0	19.0	15.0	15.0

数据来源:王钦德,杨坚. 食品试验设计与统计分析基础(第2版). 北京:中国农业大学出版社,2009.第4章.
注:1磅=0.4536 kg.

5. 假说:"北方动物比南方动物具有较短的附肢。"为了验证这一假说,调查了如表 5-11 所示鸟翅长(单位:mm)资料:

表 5-11　鸟翅长　　　单位:mm

北方的	120	113	125	118	116	114	119
南方的	116	117	121	114	116	118	123	120

数据来源:李春喜,姜丽娜,邵云. 生物统计学学习指导.北京:科学出版社,2008. 第4章

试检验这一假说。

第四节 配对样本 t 检验

一、实验目的

理解配对样本 t 检验的有关概念、原理。

掌握配对样本 t 检验的方法。

能够运用 SPSS 软件进行配对样本 t 检验操作方法。

能够运用配对样本 t 检验解决本专业实际问题。

二、理论知识

1. 配对样本 t 检验定义

配对样本 t 检验就是根据样本数据对样本来自的两配对总体均值是否有显著性差异进行推断。实际检验时,是检验配对变量值差值的平均值是否等于0。配对样本 t 检验与独立样本 t 检验的差别之一就是要求样本是配对设计的。配对设计的要求是:配成对子的两个试验单元的初始条件应尽可能一致;不同试验对子间的初始条件允许存在差异(有时在动物实验中为了使试验结果有更广泛的适应性,还应有意识地扩大对子间的差异)。每一个对子就是试验的一次重复。配对方式通常有三种,即:自身配对、同源配对和条件配对。这时,抽样不是互相独立的,而是互相关联的。

2. 配对样本 t 检验基本原理和步骤

(1)提出假设。配对样本 t 检验的原假设 H_0:两总体均值无显著性差异,即 H_0:$\mu_d = \mu_1 - \mu_2 = 0$。备择假设 H_A:两总体均值有显著性差异,即 H_0:$\mu_d = \mu_1 - \mu_2 \neq 0$。其中 μ_1,μ_2 分别为第一个和第二个总体的均值。

(2)在无效假设(原假设)成立的前提下,构造检验统计量。首先求出每对观测值的差值,得到差值样本;然后计算差值样本的平均值和标准差等统计量;最后检验差值样本的总体平均值是否与0有显著差异。如果差值样本的总体平均值与0有显著性差异,则认为两处理总体的均值有显著性差异;反之,如果差值样本的总体平均值与0无显著性差异,则可以认为两处理总体的均值不存在显著性差异。由于差值样本的总体参数在现实中往往未知,根据单样本平均数的抽样分布理论,构造 t 统计量。

由此可见,配对样本 t 检验是间接通过单样本 t 检验实现的,本质是单样本 t 检验,即检验最终转化成对差值样本总体均值是否显著为 0 的检验。采用 t 统计量,该统计量服从自由度为 $n-1$ 的 t 分布,注意这里的 n 不是试验设计的总样本量,而是配对差值的样本量,即对子数。

（3）计算检验统计量。样本数据输入 SPSS 后,SPSS 22.0 将自动计算 t 统计量的观测值和相应的伴随概率 P 值。

（4）统计判断。对给定的显著性水平 α (α 常取 0.05 或 0.01) 与检验统计量的伴随概率 P 进行比较。如果 P 值大于显著性水平 α,则接受原假设,认为差值的总体均值与 0 无显著性差别,即两处理总体的平均值无显著性差异;反之,P 值小于显著性水平 α,则拒绝原假设,认为差值的总体均值与 0 存在显著性差异,即两处理总体的均值存在显著性差异。

三、实验内容

用家兔 10 只试验某种注射液对体温的影响,在注射前 1 h 和 2 h 各测定一次体温,取平均数,注射后 1 h 和 2 h 各测定一次体温,取平均数,结果如下:

表 5-12　家兔体温数据

兔号	1	2	3	4	5	6	7	8	9	10
注射前体温(℃)	37.8	38.2	38.0	37.6	37.9	38.1	38.2	37.5	38.5	37.9
注射后体温(℃)	37.9	39.0	38.9	38.4	37.9	39.0	39.5	38.6	38.8	39.0

数据来源:明道绪. 生物统计附试验设计(第三版). 北京:中国农业出版社,2002.第五章

试比较注射前后体温差异是否显著。

四、实验步骤

配对样本 t 检验由 SPSS 22.0 的比较均值过程中的配对样本 t 检验子过程实现。下面结合上例说明两配对样本 t 检验的配对样本 t 检验子过程的基本操作步骤。

（1）准备工作。建立数据文件"实验十家兔注射前后体温.sav"。

（2）在 SPSS 22.0 中打开数据文件"实验十家兔注射前后体温.sav",通过选择"文件→打开"命令将数据调入 SPSS 22.0 的工作文件窗口,如图 5-13 所示。

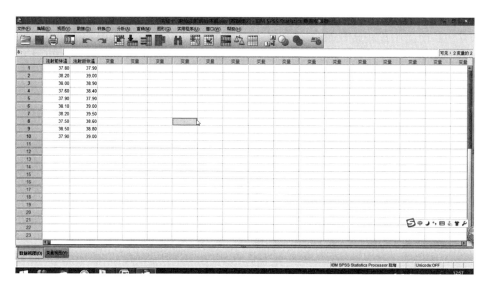

图 5-13 "家兔注射前后体温"数据视图

（3）选择"分析→比较均值→配对样本 T 检验"命令，打开其对话框，如图 5-14所示。

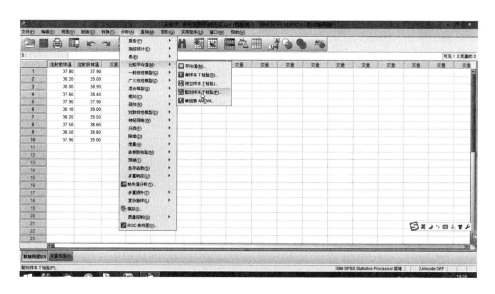

图 5-14 "比较均值:配对样本 T 检验"对话框

（4）在如图 5-15 所示的"配对样本 T 检验"对话框中，相关内容介绍如下：

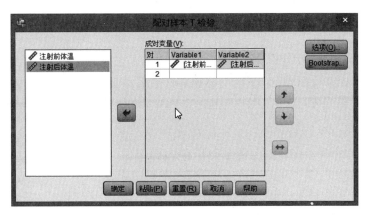

图 5-15　"配对样本 T 检验：成对变量"对话框

配对变量列表：可以选择一对或若干对样本，每对样本分别给出 1 个 t 检验的结果。

本例在"配对样本 T 检验"对话框左端的变量列表选中"注射前体温"，这时变量"注射前体温"将出现在配对变量列表框中的变量 1 的下面；选中"注射后体温"，这时变量"注射后体温"将出现在配对变量列表框中的变量 2 的下面，表示将这两个变量配对。也可以先在"配对样本 T 检验"对话框左端的变量列表选中"注射前体温"，再按住 Shift 键选中另外一个变量"注射后体温"，单击向右的箭头，将"注射前体温"和"注射后体温"移入配对变量框。

（5）单击"选项"按钮定义其他选项，出现如图 5-16 所示对话框。该对话框中的选项含义与"单一样本 T 检验"的相同。本例选择 SPSS 系统默认。

图 5-16　置信区间与缺失值

（6）单击"继续"按钮,返回"配对样本 T 检验"对话框,单击"确定"按钮,SPSS 自动完成计算。SPSS 结果输出窗口查看器中就会显示所需要的结果。

五、实验结果与分析

（1）描述性统计分析

由表 5-13 可以看出,注射前体温和注射后体温的平均值分别为 37.97 和 38.7,标准差分别为 0.298 33 和 0.509 9,均值误差分别为 0.094 34 和 0.161 25。

表 5-13　配对样本统计

		平均值	N	标准差	平均值的标准误
配对 1	注射前体温	37.970 0	10	.298 33	.094 34
	注射后体温	38.700 0	10	.509 90	.161 25

（2）相关性分析

由表 5-14 可知,注射前体温和注射后体温的变量,二者的相关系数为 0.497,相应的 $P(Sig.)$ 值大于 0.05,不显著相关。

表 5-14　配对样本相关

		N	相关	显著性
配对 1	注射前体温 & 注射后体温	10	.497	.144

（3）配对样本 t 检验

表 5-15 为配对样本 t 检验结果表,可以看出,注射前体温和注射后体温的差值的平均值为 -0.73,计算出的 t 值为 -5.189 相应的伴随概率 $P(Sig.)$ 为 0.001,小于显著性水平 0.01。否定 t 检验的原假设,也就是注射前体温和注射后体温有极显著性差异。

表 5-15　配对样本 t 检验

		配对差异					t	自由度	$Sig.$（双侧）
		平均值	标准差	平均值的标准误	差值的 95% 置信区间				
					下限	上限			
配对 1	注射前体温－注射后体温	$-.7300 0$	.444 85	.140 67	$-1.048 2 2$	$-.411 78$	-5.189	9	.001

练习与作业

1. 11 只 60 日龄的雄鼠在 X 射线照射前后的体重数据如下表所示(单位:g)。试检验雄鼠在 X 射线照射前后体重差异是否显著。

雄鼠在 X 射线照射前后的体重数据　　　　　　　　　　　单位:g

编号	1	2	3	4	5	6	7	8	9	10	11
照射前	25.7	24.4	21.1	25.2	26.4	23.8	21.5	22.9	23.1	25.1	29.5
照射后	22.5	23.2	20.6	23.4	25.4	20.4	20.6	21.9	22.6	23.5	24.3

数据来源:明道绪.生物统计附试验设计(第三版).北京:中国农业出版社,2002.第 5 章

2. 某猪场从 10 窝大白猪的仔猪中,每窝抽出性别相同、体重接近的仔猪 2 头,将每窝两头仔猪随机地分配到两个饲料组,进行饲料对比试验,试验时间 30 d,增重结果见下表。试检验两种饲料喂饲的仔猪平均增重差异是否显著。

两种饲料喂饲的仔猪增重数据　　　　　　　　　　　单位:kg

窝号	1	2	3	4	5	6	7	8	9	10
饲料Ⅰ	10.0	11.2	12.1	10.5	11.1	9.8	10.8	12.5	12.0	9.9
饲料Ⅱ	9.5	10.5	11.8	9.5	12.0	8.8	9.7	11.2	11.0	9.0

数据来源:明道绪.生物统计附试验设计(第三版).北京:中国农业出版社,2002.第 5 章

3. 在研究日粮 VE 含量与肝中 VA 储量的关系时,随机选择 8 窝试验用小白鼠,每窝选择性别、体重相近的两只小白鼠进行配对,每对小白鼠中的一只随机接受正常饲料,另一只接受 VE 缺乏饲料。经过一段时间后,测定小白鼠肝中 VA 的储量,结果如下表所示,试检验不同 VE 含量的日粮对肝中 VA 的储量是否有显著影响。

不同 VE 含量的饲料喂饲的小白鼠肝中 VA 含量　　　　　　单位:IU/g

配对动物编号	1	2	3	4	5	6	7	8
正常饲料组	3 550	2000	3 000	3 950	3 800	3 750	3 450	3 050
VE 缺乏组	2 450	2 400	1 800	3 200	3 250	2 700	2 500	1 750

数据来源:张勤.生物统计学(第 2 版),北京:中国农业大学出版社,2008.第 5 章

4. 对某品种仔猪 8 头做初生未哺乳与哺乳 24 h 后血液蛋白含量(g/100 ml) 的对比测定,结果列于下表中,问哺乳后仔猪血液蛋白含量是否显著提高?

头仔猪未哺乳与哺乳 24 h 后血液蛋白含量　　　　单位:g/100 ml

仔猪号	1	2	3	4	5	6	7	8
初生未哺乳	34.28	42.18	35.36	38.27	37.85	35.52	34.68	38.49
哺乳 24 h 后	38.93	42.38	41.43	40.34	40.04	41.87	41.20	40.33

数据来源:徐继初. 生物统计及试验设计. 北京:中国农业出版社,1992.第 4 章

5. 为了研究牛奶是否有增加身高的作用,把 16 名儿童配成 8 对(每对儿童年龄、性别、身高、体重及父母身高等情况基本一致),每对儿童一个给予正常饮食,另一个除正常饮食外,每天增喝 500 ml 牛奶,隔 6 个月后测得其身高增长情况见下表,问增喝牛奶与不喝牛奶的儿童身高增加有否差别?

喝牛奶与不喝牛奶的儿童身高增长情况　　　　单位:cm

对子号	1	2	3	4	5	6	7	8
正常进食组	4.5	4.6	4.8	4.4	4.7	5.1	4.0	4.6
增喝牛奶组	6.5	6.3	6.6	5.9	7.0	6.7	6.5	4.3

数据来源:谢庄,贾青.兽医统计学. 北京:高等教育出版社,2006. 第 4 章

第六章　R 均值 t 检验

一、基本均值统计检验

在介绍了基本的统计分析方法后,我们现在来介绍基本检验统计量,在现实研究中经常会碰到这样的一些情况:

我们在得到一组数据之后想搞清楚一个设备生产的产品是不是和标准生产设备生产的总体一样;或者我们想对一个新的生产工艺进行评估,它是不是比老方法效果好;又或者我们想找出一次实验中影响实验结果或者精度的具体因素。

这些需求使得统计学家研究出一些专门用来检验这些实际效果的数学方法,他们称之为检验。为了便于理解和实际应用,我们抛开深奥的数学概念,简化它的描述方式并解释它的实际意义。

通常情况下进行假设检验首先需要明确目标和对比的标准,例如下面的几种未知情况:

(1)总体方差已知

① 对比新设备与标准设备的产品或者实验之间的均值差别(比对一个产品是否符合产品标准)。

② 两个新设备的产品或者实验方法之间的均值的高低(实际上就是哪个方法好)。

(2)总体方差未知

① 对比新设备与标准设备的产品或者实验样品之间方差(或产品波动)的差别(标准产品的稳定程度)。

② 对比两个新设备或者两个不同实验之间的方差的差别(比对哪个实验会出现更大的波动,一般选择波动小的)。

为了便于理解这些深奥的数学概念,我们简化数学推理只给出一些概念性的解释:

总体:总体是指一个实验可能的所有结果。注意,这样的结果是无限多的,因而总体一般情况下是不能得到的,因而我们认为的总体是一个理论上存在的总体。现实研究中有时候为了方便,我们把具有一定数量(称为数据规模,例如,$n \geqslant 1\,000$)的实验结果认为是一个总体。

总体均值:我们把理论上或者具有一定数据规模的总体的数据平均值称为总体均值,一般记作 μ。

总体方差:我们把理论上或者具有一定数据规模的总体的数据的方差称为总体方差,一般记作 σ^2。

注:特别提示的是总体均值、方差和样本均值、方差的表示符号不同,样本均值使用的是 $\overline{X}$,样本方差使用的是 S^2。

样本:样本是指一次实验中能够得到的全部,注意,样本是能够实际得到的,受限于实验条件,样本有大有小,它的样本数(样本规模)一般远远小于总体。

样本均值、样本方差:将实验得到的样本数值直接计算它的均值和方差即为样本均值和样本方差。

我们可以这样理解样本和总体的关系:样本是从总体中随机抽取的,由于样本是随机抽取自总体,因而样本的均值和方差会随着样本抽取不同而发生变化;但是总体一旦确定,那么总体的均值和方差并不会改变。

现实中样本的方差和均值很好计算,但我们要从一些样本去估计总体时却非常困难,因为总体是无限多的,不可能全部样本都能得到。因而就出现了利用检验的方法去验证这些样本,看由样本计算的方差或均值是不是能够推断出总体的方差和均值。

或者,经过一段时间的生产,我们已经积累了一个产品具有一定规模的样本,我们把这个规模的样本认定为是一个总体,现在又出现了一个新设备或新的工艺,验证新工艺是不是比原来的认定的总体效果要好。

另外在检验中通常还涉及另外一个概念,即单边检验或者双边检验,具体来说:

双边检验 two-side:$H_0:\mu=\mu_0$,$H_1:\mu\neq\mu_0$ 或者:$H_0:\sigma=\sigma_0$,$H_1:\sigma\neq\sigma_0$

其中 H_0 称为目标假设,或零假设,也就是说这个假设是我们实际问题中要验证的,另外一个 H_1 是备择假设。例如我们想要验证单次实验得到的一个均值 μ 与已知的总体均值(或参照标准均值)μ_0 是不是相等就可以使用上面的假设。

相对于双边检验的检验称之为单边检验:

单边小于检验 less:$H_0:\mu\leqslant\mu_0$,$H_1:\mu>\mu_0$ 或者:$H_0:\sigma\leqslant\sigma_0$,$H_1:\sigma>\sigma_0$

单边大于检验 greater:$H_0:\mu\geqslant\mu_0$,$H_1:\mu<\mu_0$ 或者:$H_0:\sigma\geqslant\sigma_0$,$H_1:\sigma<\sigma_0$

另外在检验中常常使用的另外一个值称为显著水平 α,它是指我们做出假设检验时的结果推断是错误的概率,或者换句话说我们有 $1-\alpha$ 的概率认为我们做的检验结果是正确的。通常,我们使用 P 值来与 α 进行比较。

二、单一样本均值 t 检验

如果我们从日常生产中得到一组总体方差 σ^2 是已知的,且总体的均值 μ 已知,现在改进或采用新方法后测得一组样本数据,我们想知道这组样本的均值 μ 与总体均值 μ_0(或参照标准)是不是相等。例子与方法如下:

例 6-1 某罐头厂生产肉类罐头,其自动装袋机在正常工作时每袋净重服从正态分布 $N(500,64)$(单位 g)。某日随机抽查 10 听罐头,测得结果如下:

505,512,497,493,508,515,502,495,490,510

问装罐机当日工作是否正常?

(数据来源:王钦德,杨坚. 食品试验设计与统计分析(第 2 版).北京:中国农业大学出版社,2010.第 4 章.)

预备函数:

```
t.test(
    x,                   #已经测量的样本数据
    y = NULL,            #比对测量的另一组样本数据
    alternative = c("two.sided", "less", "greater"),
                         #双边、单边小于、单边大于
    mu = 0,              #μ₀已知参照均值
    paired = FALSE,      #若对两组样本比对检验,两组数据必须是试验前、试验后对
                          应数据
    var.equal = FALSE,   #是否可以假定比对的两个均值是在同一个方差下
    conf.level = 0.95    #可信程度
)
```

分析:例题中给出的数据是样本数据,另外也给定了长期积累的数据 $N(500,64)$,现在我们想知道今天的设备是否生产正常,也就是要验证:今天抽取样本的均值是不是也是参考值 500。

操作:

```
x <- c(505,512,497,493,508,515,502,495,490,510)    #输入样本
t.test(x,alternative = "two.sided",mu = 500,conf.level = 0.95)
        #x,样本双边检验,          参照值500,置信度95%
```

注:函数中一些变量已经给出默认值,比如置信区间,我们可以将上面的检验简写成:t. test(x,mu＝500)

结果:

One Sample t – test   ＃单样本 t 测试

data： x   ＃被测试样本变量为 x

t = 0.988 03, df = 9, p – value = 0.349

＃t 检验值,样本自由度,样本观测值由误差造成的概率

alternative hypothesis: true mean is not equal to 500

＃备择假设为:真值　不等于 500

95 percent confidence interval：   ＃95％样本应该落在的区间(置信区间)

  496.518 1   508.8819   ＃95％置信区间下限、上限

sample estimates：   ＃样本估计

mean of x   ＃样本 x 的均值

   502.7

结果分析:上面的结果中,我们主要看的是 p－value＝ 0.349,由于我们默认的是双边检验,因此这个 P 值只要大于显著水平 $\alpha＝0.05$ 就可以判定被测量与标准参考之间无差别。显然这里有:

$$(P＝0.349)\geqslant(\alpha＝0.05)$$

因此接受零假设,即接受今天的装袋机与平时没什么差别。

此外我们也需要注意到这个函数可以计算出给定显著水平的置信区间。

三、独立成组样本均值 t 检验

实际操作中经常会出现另外一类问题,即生产同一类事物的两条生产线或者不同实验仪器之间有没有差别的问题。注意这里并没有标准参考值,因为我们只关心这两类设备或者实验仪器有没有显著差别,这样做是为了便于标准化生产,否则我们因为标准不同而加大产品的产出测量和检测,这对于生产实践来说是一个灾难。

例如一个新建的厂,引进了两条设备线,由于是第一次生产,两条生产线如果没有什么差别,那么我们只要对一些共同的参数进行设置就可以使得产品满足客户要求,但是如果两条生产线不同,那么就需要对每条生产线进行调试和试生产。如果客户要求改变则需要重复修改两条生产线,这样的结果就是生产成本的上升。

例 6-2　某食品厂在甲乙两条生产线上各测试了 30 个日产量,如表 6-1 所

示。试检验两条生产线的平均日产量有无显著差异。给定显著水平 $\alpha = 0.01$。

表 6-1　甲乙两条生产线日产量记录

甲生产线(x_1)						乙生产线(x_2)					
74	71	56	54	71	78	65	53	54	60	56	69
62	57	62	69	73	63	58	49	51	53	66	62
61	72	62	70	78	74	58	58	66	71	53	56
77	65	54	58	63	62	60	70	65	58	56	69
59	62	78	53	67	70	68	70	52	55	55	57

数据来源:王钦德,杨坚. 食品试验设计与统计分析基础(第 2 版). 北京:中国农业大学出版社,2009. 第 4 章

获取数据:将表 6-1 中的数据分为两个文件进行输入,分别命名为 data2x1.txt 和 data2x2.txt。

用文本方式依次导入这两个数据到 Rstudio 中:

操作:

由于它是一个表格形式的,我们也需要将它转化为一列的形式,因此:

```
x1 <- unlist(data2x1,1,0)    #将 data2x1 转化为一列并送到 x1 这个变量中
x2 <- unlist(data2x2,1,0)    #将 data2x2 转化为一列并送到 x2 这个变量中
```

下面进行 t 检验:

```
t.test(
    x1,                          #已经测量的样本数据 x1
    y = x2,                      #比对测量的另一组样本数据 x2
    alternative = "two.sided",   #双边或者检测是不是相等
```

— 127 —

```
    mu = 0,                    ♯μ₀ 由于是两个相比较,因此直接默认为 0 即可
    paired = FALSE,            ♯这里的两组数据是独立的,不是同一个设备产出的
                               比对数据
    var.equal = FALSE,         ♯假定方差未知,或者不相等
    conf.level = 0.99          ♯由于设定了显著水平为 α＝0.01,置信水平变为 1-
                               0.01 = 0.99
)
```

注:注释部分(♯之后的文字)可以不输入到程序中。

我们把上面的检验部分简写为:

```
t.test(x1,x2,conf.level = 0.99)     ♯简写,其余参数由于是程序默认的,因而可以忽
                                    略不写
```

结果:

```
    Welch Two Sample t-test
data：  x1 and x2
t = 3.280 4, df = 56.476, p-value = 0.001 779
alternative hypothesis：true difference in means is not equal to 0
99 percent confidence interval：
    1.136 769   10.996 564
sample estimates：
mean of x mean of y         ♯x y 均值分别为
65.833 33   59.766 67
```

结果分析:上面的结果中,我们主要看的是 p-value $=0.001\ 779$,由于我们默认的是双边检验,因此这个 P 值只要大于显著水平 $\alpha=0.01$ 就可以判定被测量与标准参考之间无差别。显然这里有:

$$(P=0.001\ 779)<(\alpha=0.01)$$

因此不能接受零假设,即不能接受甲乙两个无差别,也就是说它们两个有显著差别。我们此时再看均值:

$$(x=x_1=65.833\ 3)>(y=x_2=59.766\ 67)$$

因此总结来说甲和乙差异明显,且甲的产量均值要比乙的要高。

例 6-3　海关抽检出口罐头质量,发现有胀听现象(罐头变质鼓包),随机抽取了 6 个样品,同时随机抽取 6 个正常罐头样品测定其 SO_2 含量,测定结果见表 6-2。试分析两种罐头的 SO_2 含量有无差异。给定显著水平 $\alpha=0.01$。

表 6-2　正常罐头与异常罐头 SO_2 含量记录

正常罐头(x_1)	100.0	94.2	98.5	99.2	96.4	102.5
异常罐头(x_2)	130.2	131.3	130.5	135.2	135.2	133.5

[数据来源:王钦德,杨坚. 食品试验设计与统计分析基础(第 2 版). 北京:中国农业大学出版社,2009.第 4 章]

分析:这是一个小样本数据,因此可以直接在 Rstudio 输入数据,即可使用。

操作:

```
x1 <- c(100.0,94.2,98.5,99.2,96.4,102.5)      ＃第一组数据保存到 x1
x2 <- c(130.2,131.3,130.5,135.2,135.2,133.5) ＃第二组数据保存到 x2
t.test(x1,x2,conf.level = 0.99)   ＃成组独立数据检验
```

结果:

```
    Welch Two Sample t-test
data： x1 and x2
t = -22.737, df = 9.506, p-value = 1.314e-09
alternative hypothesis：true difference in means is not equal to 0
99 percent confidence interval：
  -39.004 11 -29.362 55
sample estimates：
mean of x mean of y
 98.466 67 132.650 00
```

结果分析:上面的结果中,我们主要看的是 p-value = 1.314e-09,这里的 P 值使用的是科学记数法,p-value = 1.314e-09 也就是 1.314×10^{-9} = 0.000 000 001 314,由于我们默认的是双边检验,因此这个 P 值只要大于显著水平 α=0.01 就可以判定被测量与标准参考之间无差别。显然这里有:

$$(P=0.000\ 000\ 001\ 314) \ll (\alpha=0.01)$$

这里符号≪表示远远小于的意思,因此不能接受零假设,即不能接受两组罐头两个无差别,也就是说它们两个有显著差别。我们此时再看均值:

$$(x=x_1=98.466\ 67) < (y=x_2=132.650\ 00)$$

因此总结来说鼓包的罐头中的 SO_2 超标,腐败严重。

四、成对数据均值 t 检验

生产实践中,还有一种实验产生的数据是成对的,例如,我们想对一种新的

产品进行口感测试,并且随机请了 10 个人进行测试,首先实验中将这 10 个人分别分开,先将旧产品给他们尝试,给出好吃或者不好吃的结论,然后再给他们新产品测试好吃或者不好吃的结论。由于这些数据是同一个人对不同产品的结论,因而这些数据是成对出现的。

成对出现的数据也可以用我们已知的函数进行检测,只需要修改一个参数即可,这个参数就是

paired = FALSE

由于这个参数默认是不配对的,因此我们把它用在配对数据上是修改为(TURE 是分大小写的):

paired = TURE 或者 paired = 1

例 6-4 用家兔 10 只试验某种注射液对体温的影响,在注射前 1 h 和 2 h 各测定一次体温,取平均数,注射后 1 h 和 2 h 各测定一次体温,取平均数,结果如下:

表 6-3　家兔体温数据

兔号	1	2	3	4	5	6	7	8	9	10
注射前体温(℃)	37.8	38.2	38.0	37.6	37.9	38.1	38.2	37.5	38.5	37.9
注射后体温(℃)	37.9	39.0	38.9	38.4	37.9	39.0	39.5	38.6	38.8	39.0

[数据来源:明道绪. 生物统计附试验设计(第三版). 北京:中国农业出版社,2002.第 5 章]

试比较注射前后体温差异是否显著。

操作:如同例 6-2 一样;只是表格 6-3 中的合计部分不需要输入到程序中:

x1 <- c(37.8,38.2,38.0,37.6,37.9,38.1,38.2,37.5,38.5,37.9)

♯第一组数据

x2 <- c(37.9,39.0,38.9,38.4,37.9,39.0,39.5,38.6,38.8,39.0)

♯第二组对应第一组相应列的数据

t.test(x1,x2,paired = 1,conf.level = 0.99)

♯使用 paired 参数设置配对数据的检验

结果:

```
    Paired t-test
data: x1 and x2
t = -5.189 3, df = 9, p-value = 0.000 572 2
alternative hypothesis: true difference in means is not equal to 0
99 percent confidence interval:
```

$-1.187\ 164\ 1\ -0.272\ 835\ 9$

sample estimates：

mean of the differences

-0.73

结果分析：我们需要对这样的结果进行解释，尤其是备择假设：

（1）alternative hypothesis：true difference in means is not equal to 0

（2）mean of the differences

翻译：（1）备择假设：两组配对数据的均值的差不等于 0。

（2）两组数据对应的差的均值。即将对应位置的数据相减，最后计算这些差的均值。

显然这里的 P 值

$$(P=0.000\ 572\ 2)<(\alpha=0.01)$$

因此我们不能接受零假设的两组数据的均值相等的假设，也就是说我们认为这两组差异明显。

练习与作业

同第五章作业。

第七章　SPSS 方差分析

第一节　单因素方差分析

一、实验目的

理解单因素方差分析的有关概念、原理。

掌握单因素方差分析的方法。

能够运用 SPSS 软件进行单因素方差分析。

能够运用单因素方差分析解决本专业实际问题。

二、理论知识

1. 单因素方差分析定义

单因素资料(单向分类资料),是指资料是以一个因素(控制变量)来分类(或称分组)的,这个因素可以自然地或人为地分为若干个类别或水平。例如:不同的动物品种、不同的饲料配方、不同的药物等,通常将这些不同的类别称为不同的处理。单因素方差分析研究目的是要比较不同的处理对所考察的指标(性状)的影响有无差异,或者说是各处理所代表的总体平均数有无显著性差异。

2. 单因素方差分析基本原理

方差分析有三个条件,即正态性、方差同质性和效应可加性。正态性指各处理所代表的总体服从正态分布。方差同质性指各处理总体方差相同(方差同质)。效应可加性指方差分析建立在线性可加模型基础上的,所有进行方差分析的数据都可以分解成几个分量之和。单因素方差分析是对单因素多个独立样本平均值进行比较,是独立样本 t 检验的扩展。方差分析认为,单因素资料观测变量值的总变异是由于处理因素和随机误差两方面原因造成的影响。在方差分析中用样本方差(即均方)来度量资料的变异程度,总变异用总均方度量,处理因素间变异用处理间(组间)均方度量,随机误差(处理内)的变异用处理内(组内)均方度量。将处理间变异与处理内变异进行比较、检验处理间差异显著性。由于均方是平方和除以自由度的商,因此,要将资料的总变异按其变异原因分离开,必须从平方和与自由度的分解开始。这种分解将观测变量总的离均差平方和分解为两部分:组内离差平方和(随机误差原因)与组间离差平方和(处理因素原因)。总自由度也分为两部分:组内自由度(随机误差自由度)和组间自由度(处理间自由度)。

观测变量总的离均差平方和(SS_T)为:

$$SS_T = \sum_{i=1}^{k} \sum_{j=1}^{n_i} (X_{ij} - \overline{X})^2$$

式中,k 为因素的水平数;X_{ij} 为因素第 i 个水平下第 j 个观测值;n_i 为因素第 i 个水平下样本个数;$\overline{X}$ 为观测变量总平均值。总的离差平方和(SS_T)反映了全部样本数据总的离散程度。

处理间(组间)离差平方和(SS_A)为:

$$SS_A = \sum_{i=1}^{k} n_i (\overline{X_{i.}} - \overline{X})^2$$

式中,k 为因素的水平数;n_i 为因素第 i 个水平下样本个数;$\overline{X_{i.}}$ 为因素第 i 个水平下观测变量的样本平均值;$\overline{X}$ 为观测变量平均值。组间离差平方和(SS_A)是各水平组均值和总体均值离差的平方和,反映了因素的不同水平对观测变量的影响。

处理内(组内)离差平方和(SS_E)为:

$$SS_E = \sum_{i=1}^{k} \sum_{j=1}^{n_i} (X_{ij} - \overline{X_i})^2$$

式中,k 为因素的水平数;n_i 为因素第 i 个水平下样本个数;$\overline{X_i}$ 为因素第 i 个水平下观测变量的样本均值。组内离差平方和(SS_E)是每个样本数据与本水平组均值离差的平方和,反映了数据抽样误差(随机误差)的大小。

样本数据的总自由度为:

$$df_T = n-1$$

处理间(组间)自由度为:

133

$$df_A = k - 1$$

处理内(组内)自由度为:

$$df_E = df_T - df_A$$

将处理间(组间)平方和除以处理间(组间)自由度,得到处理间(组间)均方,处理内(组内)平方和除以处理内(组内)自由度,得到组内均方(误差均方),分别表示为 MS_A 和 MS_E,即:

$$MS_A = \frac{SS_A}{df_A}$$

$$MS_E = \frac{SS_E}{df_E}$$

这里需要注意总均方通常不等于处理间均方加处理内均方。将处理间均方除以处理内均方构造 F 统计量,进行 F 检验,判断处理间差异是否显著。

3. 单因素方差分析基本步骤

(1)提出假设。单因素方差分析的原假设 H_0:因素不同水平下观测变量的均值无显著性差异,即 $H_0: \mu_1 = \mu_2 = \cdots = \mu_k$(所有总体的均值相等)。备择假设 H_A:因素不同水平下观测变量的均值有显著性差异,即至少存在 2 个 μ_i 不等。

(2)在无效假设(原假设)成立的前提下,计算检验统计量。方差分析采用的检验统计量是 F 统计量,其公式为:

$$F = \frac{MS_A}{MS_E} = \frac{\dfrac{SS_A}{k-1}}{\dfrac{SS_E}{n-k}}$$

式中,n 为样本总容量,$k-1$ 和 $n-k$ 分别为 SS_A 和 SS_E 的自由度;MS_A 是组间均方(即平均组间平方和),MS_E 为组内均方(即平均组内平方和)。

这里 $F \sim F(k-1, n-k)$

从 F 的计算公式可以看出,如果因素的不同水平对观测变量有显著影响,那么观测变量的组间均方值必然大,F 值也就越大,说明观测变量的总变异主要是由因素原因引起的,可以由因素来解释,因素给观测变量带来了显著影响;反之,如果因素的不同水平没有对观测变量造成显著影响,则组间均方值小,组内均方的影响就会必然大,F 值就较小,说明观测变量的总变异主要是由随机误差引起的,不可以用因素作用来解释,因素没有给观测变量带来显著性影响。

(3)计算检验 F 统计量的观测值和伴随概率 P 值。样本数据输入 SPSS

后，SPSS22.0 会自动计算出 F 统计量的观测值和伴随概率 P 值。

（4）假设检验。对给定的显著性水平 α，与 SPSS 计算的 P 值进行比较。如果 P 值大于显著性水平 α，则接受原假设，说明因素不同水平下各总体均值无显著性差异；反之，如果 P 值小于显著性水平 α，则拒绝原假设，认为因素不同水平下各总体均值存在显著性差异。

4. 多重比较

如果方差分析 F 检验否定了原假设，即认为至少有两个总体的平均值存在显著性差异时，这时需要进一步确定是哪两个或哪几个均值显著地不同，需要进行多重比较检验。SPSS 提供了十几种多重比较检验的方法，包括 LSD 法、Bonferroni 法、Duncan 法等，读者根据需要可以自主选择。

三、实验内容

5 组不同品种的幼猪在相同的饲养管理条件下的增重数据记录如下：

表 7-1　幼猪增重数据

组别	增重（kg）					
A	40	24	46	20	35	30
B	29	27	39	20	45	25
C	61	61	47	67	69	60
D	27	31	38	43	31	20
E	24	30	26	35	33	32

数据来源：张勤. 生物统计学（第 2 版）. 北京：中国农业大学出版社，2008. 第 6 章

求：（1）对上述资料进行方差分析；

（2）如果方差分析的结果为差异显著，进行多重比较。

四、实验步骤

单因素方差分析由 SPSS 22.0 的比较均值过程中的单因素 ANOVA 子过程实现。下面结合例子说明单因素方差分析的单因素 ANOVA 子过程的基本操作步骤。

（1）准备工作。在 SPSS 22.0 中建立并打开数据文件"5 组不同品种幼猪增重.sav"，通过选择"文件→打开"命令将数据调入 SPSS 22.0 的工作文件窗口，如图 7-1 所示。变量名为"增重"、"猪品种"，"猪品种"中 1 代表 A 品种、2 代表 B 品种、3 代表 C 品种、4 代表 D 品种、5 代表 E 品种。

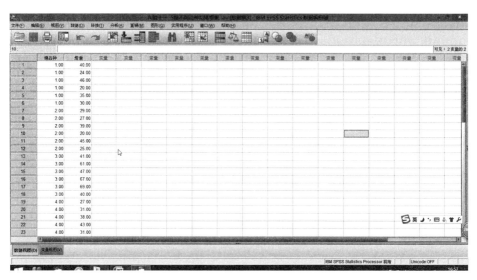

图 7-1 "5 组不同品种幼猪增重"数据视图

（2）选择"分析→比较均值→单因素 ANOVA"命令，打开单因素方差分析对话框，如图 7-2 所示。

图 7-2 "均值比较:单因素 ANOVA"对话框

（3）在如图 7-3 所示的单因素 ANOVA 对话框中，其内容介绍如下：

因变量列表:用于选择观测变量。可选择 1 个或多个。

因子:用于选择因素。因素有几个不同的取值就表示因素有几个水平。

本例在单因素 ANOVA 对话框左端的变量列表中将变量"增重"添加到右边的因变量列表中,选择"猪品种"变量移入因子框中。

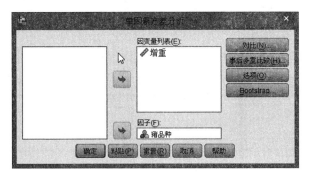

图 7-3　单因素变量选择

（4）单击"选项"按钮,出现如图 7-4 所示对话框,该对话框用来对方差分析的前提条件进行检验。由理论知识可知,方差分析的前提是正态性、方差同质性、效应可加性,其中方差同质性在现实中往往不容易满足,因此必须对方差同质性进行检验。另外,该对话框还用来指定输出其他相关统计量和对缺失值如何进行处理。相关选项介绍如下:

① 统计量框:用来指定输出相关统计量。

＊描述性:输出观测变量的基本描述统计量,包括样本容量、平均数、标准差、均值的标准误差、最小值、最大值、95％的置信区间等。

＊固定与随机效果（F）:可输出固定效应模型、随机效应模型的标准误、95％的置信区间等。

＊方差同质性检验（H）:计算分组方差齐性检验的 Levene 统计量。SPSS 的输出结果中就会出现关于方差是否相等的检验结果和伴随概率。

图 7-4　单因素变量
统计分析

＊Brown-Forsythe:布朗均值检验,可输出分组均值相等的 Brown-Forsythe 统计量。在方差同质性检验不成立时,此法比 F 统计量效果好。

＊Welch:维茨均值检验,输出分组均值相等的 Welch 统计量。同上,在方差同质性检验不成立时,此法比 F 统计量效果好。

② 平均值图:输出各因素水平下观测变量均值的折线图。

③ 缺失值选框提供了两种缺失值的处理方法。

＊按分析顺序排除个案(A)：剔除各分析中含有缺失值的个案，不参与分析。

＊按列表排除个案(L)：剔除含有缺失值的全部个案，此选项只在指定多个因变量时才能有效。

本例选择描述性统计量项，以输出描述统计量；选择方差齐性检验项，以输出方差齐性检验表。单击"继续"按钮，返回单因素方差分析对话框。

图 7-5 "单因素 ANOVA：对比"对话框

（5）单击"对比"按钮，出现如图 7-5 所示对话框，该对话框用来实现先验对比检验和趋势检验。相关选项如下：

① 多项式(P)：将组间平方和分解为多项式趋势成分，即进行趋势检验。只有选中多项式选型，其后的"度"菜单将被激活，变为可选。

② 度：在下拉菜单中可以设定多项式趋势的形式，如线性、二次多项、立方、四次项等。

③ 对比：用来实现先验对比检验。

＊系数：为多项式指定各组均值的系数，因素变量有几组就输入几个系数。例如：因素变量有 6 组，那么系数－1、0、0.5、0、0、0.5 表示第 1 组与第 3 和 6 组进行比对。

＊系数总计：在大多数程序中系数的总和应该等于 0，如果不为 0，也可以使用，但会出现警告信息。

本例选择 SPSS 系统默认。单击"继续"按钮，返回单因素方差主对话框。

（6）单击"两两比较"按钮，出现如图 7-6 所示对话框，该对话框用来实现多重比较检验。相关选项如下：

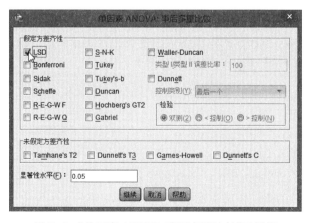

图 7-6 "单因素 ANOVA：事后多重比较"对话框

① 假定方差齐性：适用于各处理因素水平方差同质的情况。在该条件下有 14 种比较均值的方法可供选择，分别是 LSD 法、Bonferroni 法、Sidak 法、Scheffe 法、R-E-G-WF（即 Ryan-Einot-Gabriel-Welch F）法、R-E-G-WQ（即 Ryan-Einot-Gabriel- Welch Q）法、S-N-K（即 Student-Newman- Kenls）法、Tukey 法、Tukey's-b 法、Duncan 法、Hochberg's GT2 法、Gabriel 法、Waller-Duncan 法、Dunnett 法。

② 未假定方差齐性：适用于各处理因素水平方差不同质的情况。包含 4 种方法可供选择：Tamhane's T2 Dunnett's T3 法、Games-Howell 法、Dunnett's C 法。

以上各多重比较方法的理论计算可参阅相关书籍，本例选择方差齐性栏下的 LSD 法进行多重比较检验。单击"继续"按钮，返回单因素方差分析对话框。

（7）单击"确定"按钮，SPSS 自动完成计算。SPSS 结果输出窗口查看器中就会给出所需要的结果。

五、实验结果与分析

1. 描述性统计分析

由结果表 7-2 输出的是不同品种幼猪增重的基本描述统计量及 95% 置信区间，另外还给出了标准差、均值误差、最小值与最大值等。

表 7-2　描述性统计

增重

	N	均值	标准差	标准差	平均值的 95% 可信区间		最小值	最大值
					下限	上限		
A	6	32.500 0	9.792 85	3.997 92	22.223 0	42.777 0	20.00	46.00
B	6	30.833 3	9.347 01	3.815 90	21.024 2	40.642 4	20.00	45.00
C	6	60.833 3	7.704 98	3.145 54	52.747 5	68.919 2	47.00	69.00
D	6	31.666 7	8.091 15	3.303 20	23.175 5	40.157 8	20.00	43.00
E	6	30.000 0	4.242 64	1.732 05	25.547 6	34.452 4	24.00	35.00
总值	30	37.166 7	14.205 59	2.593 57	31.862 2	42.471 1	20.00	69.00

2. 方差齐性检验

表 7-3 是单因素方差分析的前提检验，即方差齐性检验结果，可以看出，Levene 统计量的值为 1.006，第一、第二自由度分别为 4、25，相应的显著性为

0.423,大于显著性水平 0.05,接受方差齐性的原假设,因此可以认为不同品种幼猪的总体方差无显著性差异,满足方差分析的前提条件。

表 7-3　方差齐性检验

增重

方差齐性检验	df_1	df_2	$Sig.$
1.006	4	25	.423

3. 方差分析

表 7-4 为方差分析表,可以看出,3 个组总的离差平方和 $SS_T = 5\,852.167$,其中因素不同水平造成的组间离差平方和 $SS_A = 4\,221.667$,随机误差造成的组内离差平方和 $SS_E = 1\,630.5$,方差检验统计量 $F = 16.182$,相应的显著性 $Sig. = 0.000$,小于显著性水平 0.05,故拒绝原假设,认为不同品种幼猪有显著性差异,5 个组中至少有一个组和其他组有明显区别,也有可能 5 个组之间都存在显著差别。

表 7-4　方差分析

增重

	总平方和	df	均方	F	$Sig.$
组间值	4 221.667	4	1 055.417	16.182	.000
组内值	1 630.500	25	65.220		
总值	5 852.167	29			

4. 多重比较检验

表 7-5 输出的是 LSD 法多重比较检验的结果,可以看出品种 C 与品种 A、B、D、E 之间的伴随概率都为 0.000,小于显著性水平 0.01,即品种 C 与其余品种之间存在极显著差别;其余品种间不存在显著差异。

表 7-5　多重比较检验

Dependent Variable:增重
LSD

(I) 猪品种	(J) 猪品种	平均差$(I-J)$	标准误差	$Sig.$	95%可信区间 下限	上限
A	B	1.666 67	4.662 62	.724	−7.936 2	11.269 5
	C	−28.333 33*	4.662 62	.000	−37.936 2	−18.730 5
	D	.83 333	4.662 62	.860	−8.769 5	10.436 2
	E	2.500 00	4.662 62	.597	−7.102 8	12.102 8

140

续表

（I）猪品种	（J）猪品种	平均差（I-J）	标准误差	Sig.	95%可信区间	
					下限	上限
B	A	−1.666 67	4.662 62	.724	−11.269 5	7.936 2
	C	−30.000 00*	4.662 62	.000	−39.602 8	−20.397 2
	D	−.833 33	4.662 62	.860	−10.436 2	8.769 5
	E	.833 33	4.662 62	.860	−8.769 5	10.436 2
C	A	28.333 33*	4.662 62	.000	18.730 5	37.936 2
	B	30.000 00*	4.662 62	.000	20.397 2	39.602 8
	D	29.166 67*	4.662 62	.000	19.563 8	38.769 5
	E	30.833 33*	4.662 62	.000	21.230 5	40.436 2
D	A	−.833 33	4.662 62	.860	−10.436 2	8.769 5
	B	.833 33	4.662 62	.860	−8.769 5	10.436 2
	C	−29.166 67*	4.662 62	.000	−38.769 5	−19.563 8
	E	1.666 67	4.662 62	.724	−7.936 2	11.269 5
E	A	−2.500 00	4.662 62	.597	−12.102 8	7.102 8
	B	−.833 33	4.662 62	.860	−10.436 2	8.769 5
	C	−30.833 33*	4.662 62	.000	−40.436 2	−21.230 5
	D	−1.666 67	4.662 62	.724	−11.269 5	7.936 2

*. 均差在 0.05 水平处有显著性.

练习与作业

1. 某水产研究所为了比较 4 种不同配合饲料对鱼的饲养效果，选取了基本条件相同的鱼 20 尾，随机分成 4 组，投喂不同饵料，经 1 个月试验后，各组鱼的增重结果列于下表：

饲喂不同饵料的鱼的增重

饲料	鱼的增重（10 g）				
A1	31.9	27.9	31.8	28.4	35.9
A2	24.8	25.7	26.8	27.9	26.2
A3	22.1	23.6	27.3	24.9	25.8
A4	27.0	30.8	29.0	24.5	28.5

数据来源:徐继初. 生物统计及试验设计. 北京:中国农业出版社,1992.第 5 章

试检验 4 种饲料饲养效果的差异显著性。

2. 研究 4 种配合饲料的饲养效果,用 19 头幼猪进行实验,经过一定时间,猪的体重资料见下表:

猪的增重数据

饲料	增重(kg)				
	重复 1	重复 2	重复 3	重复 4	重复 5
1	133.8	125.3	143.1	128.9	135.7
2	151.2	149.0	162.7	145.8	153.5
3	225.8	224.6	220.4	212.3	
4	193.4	185.3	182.8	188.5	198.6

数据来源:徐继初. 生物统计及试验设计. 北京:中国农业出版社,1992.第 5 章

试问这 4 种饲料的饲养效果有无显著差异?

3. 抽测 5 个不同品种的若干头母猪的窝产仔数,结果见下表,试检验不同品种母猪平均窝产仔数的差异是否显著。

五个不同品种母猪的窝产仔数

品种号	观察值(头/窝)				
1	8	13	12	9	9
2	7	8	10	9	7
3	13	14	10	11	12
4	13	9	8	8	10
5	12	11	15	14	13

数据来源:明道绪. 生物统计附试验设计(第三版). 北京:中国农业出版社,2002.第 6 章

4. 下表所示是用同一公猪配种的 3 头母猪所产各头仔猪在断奶时的体重,这些仔猪的饲养管理条件相同,试分析不同母猪对仔猪断奶体重影响是否有显著差异。

同一公猪配种的 3 头母猪所产仔猪断奶体重数据

母猪	仔猪断奶体重(kg)								
1	24.0	22.5	24.0	20.0	22.0	23.0	22.0	22.5	
2	19.0	19.5	20.0	23.5	19.0	21.0	16.5		
3	16.0	16.0	15.0	20.5	14.0	17.5	15.0	15.5	19.0

数据来源:张勤. 生物统计学(第 2 版). 北京:中国农业大学出版社,2008.第 6 章

5.用四种不同方法对某食品样品中的汞进行测定,每种方法测定 5 次,结果如下表所示,试问这四种方法测定结果有无显著性差异?

四种不同方法测定汞数据

测定方法	测定结果（μg/kg）				
A	22.6	21.8	21.0	21.9	21.5
B	19.1	21.8	20.1	21.2	21.0
C	18.9	20.4	19.0	20.1	18.6
D	19.0	21.4	18.8	21.9	20.2

数据来源:王钦德,杨坚.食品试验设计与统计分析基础(第 2 版).北京:中国农业大学出版社,2009.第 5 章

第二节　两因素方差分析

一、实验目的

了解两因素方差分析有关的概念。
掌握两因素方差分析的基本思想、原理、计算方法。
能够运用 SPSS 软件进行两因素方差分析。
能够运用两因素方差分析解决本专业实际问题。

二、理论知识

1. 两因素方差分析定义

两因素试验资料的方差分析是指对试验指标同时受到两个试验因素作用的试验资料的方差分析。两因素试验按水平组合的方式不同,又分为交叉分组和系统分组两类。两因素方差分析也分为交叉分组方差分析和系统分组方差分析(又称两因子嵌套分组方差分析)。交叉分组方差分析不仅能够分析两个因素单独对观测变量的影响,还能够分析两个因素的交互作用对观测变量的影响,从而找到两因素有利于观测变量指标的最优组合。系统分组方差分析与交叉分组方差分析不同,不包含交互作用项,分析侧重于一级因素。本实验以交叉分组方差分析为例,介绍其计算原理、SPSS 运行操作。

2. 两因素交叉分组方差分析基本原理

两因素交叉分组方差分析原理同前面单因素方差分析原理，只是观测变量变异受到因素独立作用主效应、因素交互作用和随机误差三方面的影响，观测变量总的变异分解更复杂一些，分为三部分内容：控制因素独立作用引起的变异、因素交互作用引起的变异和随机误差引起的变异。数据变异性的分解同样是通过对总平方和与总自由度的剖分实现的。以两因素交叉设计有重复观测值试验为例，因素 A 有 p 个水平，因素 B 有 q 个水平，且每个水平组合都有 n 个观测值。

两因素交叉有重复观测值试验方差分析的总离差平方和分解公式为：

$$SS_T = SS_t + SS_e = SS_A + SS_B + SS_{A \times B} + SS_E$$

式中，SS_T 为观测变量的总平方和，SS_A、SS_B 分别为因素 A、B 独立作用引起的平方和，$SS_{A \times B}$ 为因素 A、B 交互作用引起的平方和，SS_E 为随机因素引起的平方和。

各个平方和的具体算法如下：

观测变量总离差平方和（SS_T）为：

$$SS_T = \sum_i \sum_j \sum_k (x_{ijk} - \bar{x})^2 = \sum_i \sum_j \sum_k x_{ijk}^2 - C$$

处理平方和为：

$$SS_t = n \sum_i \sum_j (\bar{x}_{ij}. - \bar{x})^2 = \frac{1}{n} \sum_i \sum_j T_{ij}^2. - C$$

A 因素平方和为：

$$SS_A = qn \sum_{i=1}^{p} (\bar{x}_{i}.. - \bar{x})^2 = \frac{1}{qn} \sum_{i=1}^{p} T_{i}^2.. - C$$

B 因素平方和为：

$$SS_B = pn \sum_{j=1}^{q} (\bar{x}_{.j}. - \bar{x})^2 = \frac{1}{pn} \sum_{j=1}^{q} T_{.j}^2. - C$$

交互作用平方和为：

$$SS_{A \times B} = n \sum_i \sum_j (\bar{x}_{ij}. - \bar{x}_{i}.. - \bar{x}_{.j}. + \bar{x})^2 = SS_t - SS_A - SS_B$$

误差平方和为：

$$SS_E = \sum_i \sum_j \sum_k (x_{ijk} - \bar{x}_{ij}.)^2 = SS_T - SS_t$$

上述公式中，x_{ijk} 表示在因素 A 的第 i 个水平和因素 B 的第 j 个水平组合中的第 k 个观测值，$x_{i..}$ 表示因素 A 的第 i 水平的观测值之和，$\bar{x}_{i..}$ 表示因素 A 第 i 个水平的观测值的平均值，$x_{.j.}$ 表示因素 B 的第 j 个水平的观测值之和，$\bar{x}_{.j.}$ 表示因素 B 的第 j 个水平的观测值的平均值，$x_{...}$ 表示所有 N 个观测值的总和，$\bar{x}_{...}$ 表示总平均值。

总自由度：

$$df_T = pqn - 1$$

处理自由度：

$$df_t = pq - 1$$

A 因素自由度：

$$df_A = p - 1$$

B 因素自由度：

$$df_B = q - 1$$

交互作用自由度：

$$df_{A \times B} = (p-1)(q-1) = df_t - df_A - df_B$$

误差自由度：

$$df_E = pq(n-1) = df_T - df_t$$

相应各均方：

$$MS_A = \frac{SS_A}{df_A}$$

$$MS_B = \frac{SS_B}{df_B}$$

$$MS_{A \times B} = \frac{SS_{A \times B}}{df_{A \times B}}$$

$$MS_E = \frac{SS_E}{df_E}$$

当控制变量为 3 个或 3 个以上时，多因素方差分析原理也类似，计算过程更复杂一些，例如：因素为 3 个时，观测变量的总方差可分解为：

$$SS_T = SS_A + SS_B + SS_C + SS_{A \times B} + SS_{A \times C} + SS_{B \times C} + SS_{A \times B \times C} + SS_e$$

3. 两因素交叉分组方差分析基本步骤

（1）提出假设。原假设 H_0：各因素不同水平下观测变量各总体的均值无显著性差异,因素各效应和交互效应同时为零。H_A:各因素不同水平下观测变量各总体的平均值有显著性差异,因素各效应和交互效应中至少有一个效应不等于 0。

(2)在无效假设(原假设)成立的前提下,构造检验统计量。两因素交叉分组方差分析采用的检验统计量仍为 F 统计量,其数学定义为:

$$F_A = \frac{MS_A}{MS_e} \sim F(df_A, df_e)$$

$$F_B = \frac{MS_B}{MS_e} \sim F(df_B, df_e)$$

$$F_{A \times B} = \frac{MS_{A \times B}}{MS_e} \sim F(df_{A \times B}, df_e)$$

式中各样本统计量含义同前,即:$MS_A = SS_A/df_A$ 为 A 因素均方,$MS_B = SS_B/df_B$ 为 B 因素均方,$MS_{A \times B} = SS_{A \times B}/df_{A \times B}$ 为交互效应均方,$MS_e = SS_E/df_e$ 为误差均方。这 3 个检验统计量均服从 F 分布。

从上面公式可以看出,如果 MS_A 值较大,F_A 值也较大,大到 F 检验显著时,则可推断因素 A 是引起观测变量变动的主要因素之一,观测变量的变动可以部分地由因素 A 来解释;反之,如果 MS_A 值较小,F_A 值也较小,则说明因素 A 不是引起观测变量变动的主要因素,观测变量的变动无法由因素 A 来解释。对于 MS_B 和 $MS_{A \times B}$ 也可以得出相同的结论。

(3)计算检验统计量。样本数据输入 SPSS 后,SPSS22.0 会自动计算出 F 检验统计量的各观测值及相应的伴随概率 P 值($Sig.$ 值)。

(4)统计判断。将给定的显著性水平 α,分别与各个检验统计量相对应的 P 值进行比较。如果伴随概率 P 小于或等于显著性水平 α,说明小概率事件发生,则拒绝原假设,接受备择假设,认为各因素(或交互作用)对观测变量产生了显著性影响;反之,则认为各因素(或交互作用)对结果没有显著性影响。

三、实验内容

表 7-6 为了探讨大肠杆菌(B_1)、乳酸菌(B_2)和双歧杆菌(B_3)细胞表面凝集素的化学性质,进行了将该三种菌种分别经高碘酸钠(A_1)、胰蛋白酶(A_2)和蛋白酶(A_3)修饰后对固化猪小肠黏液蛋白的附着试验。以设置的对照细菌附着数量为标准,测定各菌种经不同修饰后的相对附着数量,对此资料进行方差分析。

表 7-6　三种细菌经修饰后对固化黏液蛋白的相对附着量

修饰 A	细菌 B					
	B_1		B_2		B_3	
A_1	62.70	60.50	5.02	7.81	102.31	110.20
	65.30	59.78	3.24	3.65	108.45	103.84
A_2	20.30	23.51	34.50	37.21	120.73	114.92
	17.92	19.35	31.92	31.05	117.22	124.73
A_3	62.61	59.43	17.82	21.20	103.25	110.23
	65.70	62.38	16.02	14.56	105.73	110.39

数据来源:谢庄,贾青.兽医统计学. 北京:高等教育出版社,2006. 第 5 章

四、实验步骤

两因素交叉分组方差分析由 SPSS22.0 的一般线性模型过程中的单变量子过程实现。下面以上例说明两因素交叉分组方差分析的单变量子过程的基本操作步骤。

（1）准备工作。在 SPSS 22.0 中打开数据文件"两因素有重复资料三种细菌经修饰后对固化黏液蛋白的相对附着量.sav",通过选择"文件→打开"命令将数据调入 SPSS 22.0 的工作文件窗口,如图 7-7 所示。

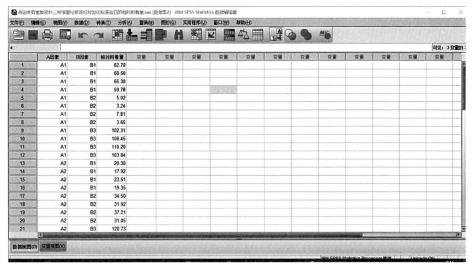

图 7-7　"三种细菌经修饰后对固化黏液蛋白的相对附着量"的数据视图

（2）选择"分析→一般线性模型(G)→单变量(U)"命令，打开"一般线性模型:单变量"对话框，如图 7-8 所示。

图 7-8 "一般线性模型:单变量"对话框

（3）在如图 7-9 所示单变量对话框中，相关内容介绍如下：

图 7-9 双因素分析变量选择

① 因变量(D):用于选择观测变量。

② 固定因子(F):分类变量用于指定固定效应的因素。

③ 随机因素(A)：分类变量用于指定随机效应的因素。

④ 协变量(C)：指定作为协变量的变量。即与因变量相关的定量变量。

⑤ WLS权重栏：放入加权变量做最小二乘法(WLS)分析，当权重变量取值为0、负数或缺失时，个案不参与分析。

本例在单变量对话框左端的变量列表将要检验的变量"相对附着量"添加到右边的因变量中，将变量"A因素"和"B因素"移入固定因子栏。

(4) 单击"模型(M)"按钮，打开如图7-10所示对话框，该对话框可以选择建立两因素交叉分组方差模型的种类。有关选项介绍如下：

图 7-10 "模型"对话框

① 指定模型。

＊全因子(A)模型：完全析因模型，SPSS默认选项，包括所有因素主效应、所有协变量主效应以及所有因素间的交互效应，但不包括协变量交互效应。

＊定制(C)模型：自定义模型，指定一部分交互效应的子集或因子协变量交互效应，用户必须指定模型中所有项目。

② 因子与协变量(F)栏：列出源因素，显示固定因素(F)和协变量(C)，本例为"A因素"和"B因素"。

③ 模型(M)列表：放入自定义模型各因素的构成，模型的选择通常由数据的性质决定，选择"定制"后，用户可选择主效应及交互效应。

④ 构建项：由下拉菜单可以进行选择。该菜单包括以下选项：交互效应、主效应、所有二阶交互作用、所有三阶交互作用、所有四阶交互作用和所有五阶交互作用。其功能分别为：建立所有被选变量最高水平的交互效应项；建立每个

被选变量的主效应项;建立被选变量所有可能的二阶交互效应;建立被选变量所有可能的三交互效应;建立被选变量所有可能的四阶交互效应;建立被选变量所有可能的五阶交互效应。

⑤ 平方和选项:由下拉列表可以选择下列任一类平方和。

＊类型Ⅰ:Ⅰ型平方和,通常用于平衡数据方差分析模型、多项式回归模型、完全嵌套模型。

＊类型Ⅱ:Ⅱ型平方和,通常用于平衡数据方差分析模型、只包含因子主效应的模型、回归模型及完全嵌套设计。

＊类型Ⅲ:Ⅲ型平方和,通常适合Ⅰ型、Ⅱ型平方和适用的所有模型、无缺失值的所有平衡与不平衡数据模型,此类型最为常用,为 SPSS 默认选项。

＊类型Ⅳ:Ⅳ型平方和,适用于Ⅰ型、Ⅱ型平方和适用的所有模型、有缺失值的平衡或不平衡数据模型。

⑥ 在模型中包含截距项:SPSS 默认选项。

本例选择全因子模型,平方和选项选择类型Ⅲ。单击"继续"按钮,返回单变量对话框。

(5) 单击"事后多重比较"按钮,打开如图 7-11 所示对话框,该对话框用来实现多重比较检验。相关选项如下:

图 7-11 "观测平均值的事后多重比较"对话框

① 因子(F):列出固定因素,本例为"A 因素"和"B 因素"。

② 事后检验(P):选择将做两两比较的因素。

③ 假定方差齐性的两两比较方法：在该条件下 SPSS 提供选择的比较均值方法有 14 种，各种方法的含义与前述单因素方差分析相同。

④ 未假定方差齐性的两两比较方法：在该条件下有 4 种方法，各种方法的含义也与前述单因素方差分析相同。

本例选择"A 因素"和"B 因素"变量添加到"事后检验"框中，选择 LSD 比较检验法。单击"继续"按钮，返回单变量对话框。

（6）单击"确定"按钮，SPSS 自动完成计算。SPSS 结果输出窗口查看器中就会给出所需要的结果。

五、实验结果与分析

1. 组间因素

表 7-7 给出的是各个因素水平下观测样本的个数。分组变量"A 因素"有 3 个水平，每个水平有 4 例；分组变量"B 因素"有 3 个水平，每个水平有 4 例。

表 7-7　组间因素变量表

		值标签	数字
A 因素	1.00	A1	12
	2.00	A2	12
	3.00	A3	12
B 因素	1.00	B1	12
	2.00	B2	12
	3.00	B3	12

2. 组间效应值

表 7-8 给出组间效应值。从表中可以看出，"A 因素"的检验统计量 F 值为 9.514，检验的相伴概率 $P(Sig)$ 值为 0.001，小于 0.05，拒绝零假设，可以认为 A 因素不同水平之间存在显著差异。同理，不同 B 因素不同水平之间也存在显著差异；A 因素与 B 因素交互作用间也存在显著差异。

表 7-8　主体间效应的检验

因变量：相对附着量

源	Ⅲ类平方和	自由度	均方	F	显著性
校正的模型	60 141.109[a]	8	7 517.639	814.021	.000

151

源	Ⅲ类平方和	自由度	均方	F	显著性
截距	126 674.301	1	126 674.301	13 716.487	.000
A 因素	175.732	2	87.866	9.514	.001
B 因素	53 342.122	2	26 671.061	2 887.983	.000
A 因素 $*$ B 因素	6 623.256	4	1 655.814	179.294	.000
错误	249.350	27	9.235		
总计	187 064.760	36			
校正后的总变异	60 390.459	35			

a. $R^2 = .996$（调整后的 $R^2 = .995$）

3. 因素"A 因素"的多重比较

表 7-9 为因素"A 因素"的多重比较结果。

表 7-9　多重比较

因变量:相对附着量

LSD(L)

（I）A 因素	（J）A 因素	平均值差值（$I-J$）	标准错误	显著性	95% 的置信区间 下限值	95% 的置信区间 上限值
A1	A2	−.046 7	1.240 64	.970	−2.592 3	2.498 9
A1	A3	−4.710 0*	1.240 64	.001	−7.255 6	−2.164 4
A2	A1	.046 7	1.240 64	.970	−2.498 9	2.592 3
A2	A3	−4.663 3*	1.240 64	.001	−7.208 9	−2.117 7
A3	A1	4.710 0*	1.240 64	.001	2.164 4	7.255 6
A3	A2	4.663 3*	1.240 64	.001	2.117 7	7.208 9

基于观察到的平均值。

误差项是均方(误差) = 9.235。

*. 均值差的显著性水平为 0.05。

4. 因素"B 因素"的多重比较

表 7-10 为因素"B 因素"的多重比较结果。

表 7-10　多重比较

因变量:相对附着量
LSD(L)

(I)B 因素	(J)B 因素	平均值差值(I－J)	标准错误	显著性	95% 的置信区间	
					下限值	上限值
B1	B2	29.623 3*	1.240 64	.000	27.077 7	32.168 9
	B3	−62.710 0*	1.240 64	.000	−65.255 6	−60.164 4
B2	B1	−29.623 3*	1.240 64	.000	−32.168 9	−27.077 7
	B3	−92.333 3*	1.240 64	.000	−94.878 9	−89.787 7
B3	B1	62.710 0*	1.240 64	.000	60.164 4	65.255 6
	B2	92.333 3*	1.240 64	.000	89.787 7	94.878 9

基于观察到的平均值。
误差项是均方(误差) = 9.235。
＊. 均值差的显著性水平为 0.05。

练习与作业

1. 以 3 种不同饲料配方对 3 个杂交组合肉用仔鸡进行肥育试验,该群鸡共 9 组,从初生到 12 周龄的平均增重如下表所示,试检验两种因素对仔鸡的增重效果,何种饲料配方和杂交组后的增重效果最好?

某仔鸡增重　　　　　　　　　　单位:kg

杂交组合　饲料配方	I	II	III
1	1.26	1.21	1.19
2	1.29	1.23	1.23
3	1.38	1.27	1.22

数据来源:徐继初. 生物统计及试验设计. 北京:中国农业出版社,1990.第 5 章

2. 4 窝不同品系的未成年大白鼠,每窝 3 头,随机地分别注射不同剂量的雌激素,然后在同样条件下试验,并称得它们的子宫重量列示于下表中,试做方差分析。

各品系大白鼠注射不同剂量雌激素后的子宫重量　　　　　单位:g

品系(A)	雌激素注射剂量(mg/100g)		
	0.2	0.4	0.8
1	106	116	145
2	42	68	115
3	70	111	133
4	42	63	87

数据来源:徐继初. 生物统计及试验设计. 北京:中国农业出版社,1992.第 2 章

3. 为研究酵解作用对血糖浓度的影响,从 8 个受试者体中抽取血液并制备成血滤液,将每个受试者的血滤液分成 4 份,随机地分别放置 0,45,90 和 135 min 后测定其中的血糖浓度,结果如下表所示。试检验不同受试者和不同放置时间的血糖浓度有无显著差异。

受试者血滤液不同放置时间的血糖浓度　　　　　单位:mg/100 ml

受试者	放置时间(min)			
	0	45	90	135
1	95	95	89	83
2	95	94	88	84
3	106	105	97	90
4	98	97	95	90
5	102	98	97	88
6	112	112	101	94
7	105	103	97	88
8	95	92	90	80

数据来源:张勤. 生物统计学. 北京:中国农业大学出版社,2008.第 7 章

4. 为了考察饲料中钙、磷的含量对幼猪生长发育的影响,将钙和磷在饲料中的含量(占饲料量的百分数)分成不同水平进行试验。试验采取交叉分组,选用品种、性别、年龄相同,初始体重基本一致的幼猪 48 头,随机分成 16 组,每组 3 头,用能量、蛋白质含量相同的饲料在不同的钙磷用量搭配下各喂一组(3 头)猪,经两个月试验,幼猪增重结果列于下表中。试分析钙和磷及它们之间的交互作用对幼猪的生长发育的影响。

不同钙磷用量的试验猪增重结果　　　　　　　　　单位：kg

钙含量(%)	磷含量(%)			
	0.8	0.6	0.4	0.2
1.0	22.0	30.0	32.4	30.5
	26.5	27.5	26.5	27.0
	24.4	26.0	27.0	25.1
0.8	23.5	33.2	38.0	26.5
	25.8	28.5	35.5	24.0
	27.0	30.1	33.0	25.0
0.6	30.5	36.5	28.0	20.5
	26.8	34.0	30.5	22.5
	25.5	33.5	24.6	19.5
0.4	34.5	29.0	27.5	18.5
	31.4	27.5	26.3	20.0
	29.3	28.0	28.5	19.0

数据来源:徐继初.生物统计及试验设计.北京:中国农业出版社,1990.第2章

5. 在7种不同培养液(其中钙离子浓度不同)及3种不同培养时间的条件下,对鸡原代肾小管上皮(原代培养)细胞进行培养,并测定细胞活力,结果如下表所示,分析培养液及培养时间对细胞活力影响的差异。

不同培养条件下细胞活力测定结果　　　　　　　　　单位:h

培养液	培养时间 B(h)								
	$B1(24)$			$B2(48)$			$B3(72)$		
$A1$	1.16	1.24	1.32	0.97	1.04	1.12	0.88	0.95	1.03
$A2$	0.90	1.00	1.07	0.74	0.84	0.92	0.61	0.68	0.78
$A3$	0.74	0.84	0.93	0.71	0.78	0.87	0.53	0.61	0.70
$A4$	0.76	0.85	0.95	0.64	0.73	0.81	0.50	0.58	0.64
$A5$	0.68	0.74	0.82	0.51	0.59	0.70	0.31	0.38	0.48
$A6$	0.69	0.75	0.84	0.54	0.57	0.63	0.32	0.38	0.46
$A7$	0.53	0.62	0.68	0.53	0.56	0.62	0.31	0.40	0.48

数据来源:谢庄,贾青.兽医统计学.北京:高等教育出版社,2006.第5章

第八章　R 基本方差统计分析

在生产实践中另外一类问题是我们比较关心的,那就是我们想知道一次实验中温度是不是起到绝对的作用,或者不同材料的混合是否会对材料强度有所贡献,又或者我们想知道是不是在给儿童喂食钙片的同时添加一点维生素 D 的效果会更好。这些我们只在关心这些因素是否会对结果产生影响的分析便称为方差分析。

在具体介绍方差分析前,我们需要理解这样几个概念:

指标:实验数据中得到的具体数值或者效果称为指标。

因素:影响指标的操作或者先前条件称为因素。

水平:因素的不同形式或者状态称为水平或者因素水平。

我们举例来理解:在一个实验中,将同一细胞族分为三个群落,假设这三个群落细胞的发育和营养等其他环境一样,我们分别将它们标记为 A、B、C 三组,放在不同的培养皿中,实验中只对培养的二氧化碳浓度进行调整,假设依次调整后分别为 25%、30%、45%,培养 24 h 后发现三个细胞群落的菌落大小直径分别为 2.4 mm、3 mm、5 mm。

那么我们认为实验因素就是二氧化碳的浓度,实验因素水平分别是二氧化碳浓度 25%、30%、45%,那么对应的因素水平下的指标分别为 2.4 mm、3 mm、5 mm,可以用表 8-1 来表示。

表 8-1　单因素实验

单因素	二氧化碳浓度		
因素水平	25%	30%	45%
指标	2.4 mm	3 mm	5 mm

由于这里只有一个二氧化碳浓度因素,因此我们称这个因素叫单因素。相比较而言,如果有多个因素影响,那么就称之为多因素,日常中我们比较多的是会接触双因素。

就上面的实验而言,如果我们再加入光照强度 1%、3%、4% 的 10 lm(流明:光亮强度)到实验中(也就是需要将同一个群落分到 9 个培养皿中),分为

L_1、L_2、L_3不同光强的三组,可能会出现如表8-2所示的结果。

表8-2　双因素实验

双因素		二氧化碳浓度		
		A:25%	B:30%	C:45%
光照强度 10 lm	L_1:1%	2.4 mm	3 mm	5 mm
	L_2:3%	2.7 mm	3.2 mm	5.6 mm
	L_3:4%	3.1 mm	3.8 mm	6.3 mm

这样的结果就是双因素类型的,也就是有两种因素会影响菌群的生长菌落直径。

第一节　单因素方差分析

当我们已经知道或者已经排除一个实验中其他因素,即其他因素不会产生影响,此时只关心一个因素是不是会对实验结果产生较大影响,我们把这样的分析称为单因素方差分析。具体的数学原理我们不再罗列,数学原理部分较为深奥,有兴趣的同学可以查看概率论或者统计学原理教材。

例8-1　以淀粉为原料生产葡萄糖的过程中,残留有许多糖蜜可作为生产酱色的原料。在生产酱色之前应尽可能彻底除杂,以保证酱色质量。今选用五种不同的除杂方法,每种方法做4次试验,各得4个观察值,结果见表8-3,试分析不同除杂方法的除杂效果有无差异?

表8-3　不同除杂方法的结果

除杂方法	除杂量(g/kg)			
$A1$	25.6	24.4	25.0	25.9
$A2$	27.8	27.0	27.0	28.0
$A3$	27.0	27.7	27.5	25.9
$A4$	29.0	27.3	27.5	29.9
$A5$	20.6	21.2	22.0	21.2

数据来源:王钦德,杨坚. 食品试验设计与统计分析(第2版).北京:中国农业大学出版社,2010.第5章

预备函数：aov(　)

函数的语法为 aov(formula, data = dataframe)

表 8-4 列举了 formula 中可以使用的特殊符号。

表 8-4　formula 中特殊符号

符号	用途
～	分隔符号，左边为响应变量（因变量），右边为解释变量（自变量）
:	表示预测变量的交互项
*	表示所有可能交互项的简洁方式
ˆ	表示交互项达到某个次数
.	表示包含除因变量外的所有变量

表 8-5 是常见研究设计的 formula。

表 8-5　常见 formula 示例

设计	表达式
单因素	$y \sim A$
双因素	$y \sim A * B$

分析：我们把不同因素水平的分析称为组间比对，或者组间方差分析，也就是说我们的目的是为了检测这些不同的组之间的因素水平是不是对实验的结果或者指标有显著的影响。在进行实际的数据分析前我们需要将其整合成这个函数能够识别的形式，也就是 formula 中所给出的那些形式。

数据录入：为了使数据能够被 R 使用，同时能够被 aov 这个函数所使用，我们需要将形如图 8-1 左边的数据形式转化为右边的形式。

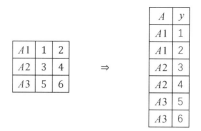

图 8-1　数据转型

对于这次实验的少量数据来说我们可以将数据直接输入为图 8-1 右边的

形式，但是为了应对可能的较多的数据，我们提供一种更为通用的做法。例如本例题实验的数据，我们首先在文本文件中输入，然后再在 R 中进行转换。这些代码也可以作为一种通用代码使用。

步骤 1：输入到文本 data3.txt 中。

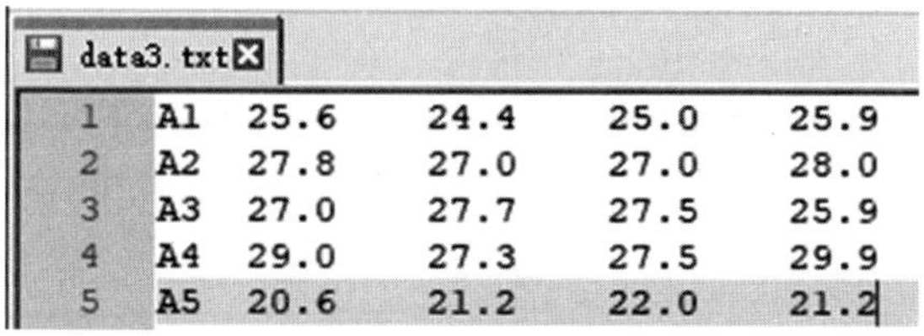
data3.txt

1	A1	25.6	24.4	25.0	25.9
2	A2	27.8	27.0	27.0	28.0
3	A3	27.0	27.7	27.5	25.9
4	A4	29.0	27.3	27.5	29.9
5	A5	20.6	21.2	22.0	21.2

图 8-2　原始数据

步骤 2：导入到 Rstudio 中。

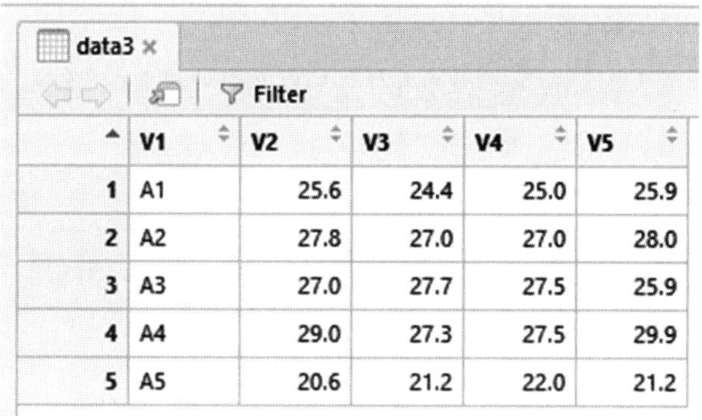
data3 ×

Filter

	V1	V2	V3	V4	V5
1	A1	25.6	24.4	25.0	25.9
2	A2	27.8	27.0	27.0	28.0
3	A3	27.0	27.7	27.5	25.9
4	A4	29.0	27.3	27.5	29.9
5	A5	20.6	21.2	22.0	21.2

图 8-3　查看数据

步骤 3：数据融合，这里需要加载一个包，以后每次使用直接调用即可。代码为：

```
library(reshape2)   # 加载 reshape2 包
d <- melt(data3)    # 直接将 data3 数据转化为需要的表格形式并复制给 d 变量
```

通过双击 Enviroment 下的"d"可以直接观察到它的具体形式(图中 8-4 显示了前 9 行)，我们发现除了第一列和最后一列，中间的值没有价值，因而在调用 aov 函数时需要注意参数的输入。

操作：处理完原始数据后我们进行单因素方差的分析。由于这里只有一个因素，因此函数形式较为简单，具体代码为：

	V1	variable	value
1	A1	V2	25.6
2	A2	V2	27.8
3	A3	V2	27.0
4	A4	V2	29.0
5	A5	V2	20.6
6	A1	V3	24.4
7	A2	V3	27.0
8	A3	V3	27.7
9	A4	V3	27.3

图 8-4　数据转型

```
fit <- aov(value~V1,d)
#将数据表格 d 中的 value 列作为目标列 y,V1 列作为因素水平列 A,并将结果送到 fit 变量中备用
summary(fit)  #用 summary 对 fit 的结果进行总结分析
```

结果：

```
#依次为:自由度 Df、总方差的和 Sum Sq、平均方差的和 Mean Sq
# F 检验值大小 F value、接受 F 检验的概率 Pr(> F)
           Df  Sum Sq  Mean Sq  F value   Pr(> F)
V1          4 128.47    32.12    49.55 1.8e-08 ***     #最后的星号为显著标识
Residuals  15   9.72     0.65
---
Signif.codes:0 ‘***’ 0.001 ‘**’ 0.01 ‘*’ 0.05 ‘.’ 0.1 ‘ ’ 1  #显著标识提示
```

结果分析：在这个结果中我们需要注意的几个值分别为 $Pr(>F)$ 以及 Signif. codes。

显然对于我们的分析来说只有 P 值大于 0.05，我们才能认为它们是没有差异的，但是这里的

$$Pr(>F)=1.8\times10^{-8}\ll0.000\,1$$

因而我们认为 $A1\sim A5$ 这几种方法的差异是明显的，且 Signif. codes 给出了几种不同的显著标识，就本题来说，$Pr(>F)$ 后面给出的是 ***，在显著标识中它对应的是 0 ‘***’，因此我们可以认为这个值非常小或者说 $Pr(>F)\approx0$，

因而明显远远小于 0.05,所以我们有理由说不同处理方法的结果是差异很大的。那么差异有多大呢? 我们只要计算各组的均值就可以比较了。

第二节　双因素方差分析

前文我们介绍了两个因素影响最终目标的情况,现实中这些情况是存在的,例如光照和养分会同时对一个作物的生长产生 y 影响,我们把两个因素分别记作 A、B,那么用符号:

$y \sim A+B$ 表示 A 不变的情况下 B 的作用会对 y 有何种程度的影响。

$y \sim B+A$ 表示 B 不变的情况下 A 的作用会对 y 有何种程度的影响。

$y \sim A:B$ 表示 A、B 共同作用会对 y 有何种程度的影响。

在一般的方差分析中我们通常对上面的两种情况会同时进行分析,比如我们想知道 A,B 各自是否会对结果 y 有显著的影响,同时 A、B 也一起对结果 y 有显著影响。我们可以直接使用

$$y \sim A * B \text{ 或者 } y \sim B * A$$

例 8-2　为了探讨杆菌(B_1,B_2,B_3)细胞表面凝集素的化学性质,进行了将该三种菌种分别经三种不同化学修饰 A_1,A_2,A_3 修饰后对固化动物小肠黏液蛋白的附着试验。以设置的对照细菌附着数量为标准,测定各菌种经不同修饰后的相对附着数量,结果如表 8-6。对此资料进行方差分析。

表 8-6　三种杆菌经修饰后对固化黏液蛋白的相对附着量

修饰 A	杆菌 B					
	B_1		B_2		B_3	
A_1	62.70	60.50	5.02	7.81	102.31	110.20
	65.30	59.78	3.24	3.65	108.45	103.84
A_2	20.30	23.51	34.50	37.21	120.73	114.92
	17.92	19.35	31.92	31.05	117.22	124.73
A_3	62.61	59.43	17.82	21.20	103.25	110.23
	65.70	62.38	16.02	14.56	105.73	110.39

数据来源:谢庄,贾青.兽医统计学. 北京:高等教育出版社,2006,第 5 章.

分析：本题的难点在于数据的初级处理，或者说是前期处理，使用的函数 aov 反而较为简单。因而需要首先对数据进行扁平化然后再进行分析。

数据录入：将表 8-6 的数据输入成如表 8-7 所示形式到文本 data4.txt 中。

表 8-7　元素数据

*A*1	*B*1	62.70	60.50	65.30	59.78
*A*2	*B*1	20.30	23.51	17.92	19.35
*A*3	*B*1	62.61	59.43	65.70	62.38
*A*1	*B*2	5.02	7.81	3.24	3.65
*A*2	*B*2	34.50	37.21	31.92	31.05
*A*3	*B*2	17.82	21.20	16.02	14.56
*A*1	*B*3	102.31	110.20	108.45	103.84
*A*2	*B*3	120.73	114.92	117.22	124.73
*A*3	*B*3	103.25	110.23	105.73	110.39

再将数据导入到 Rstudio 中：

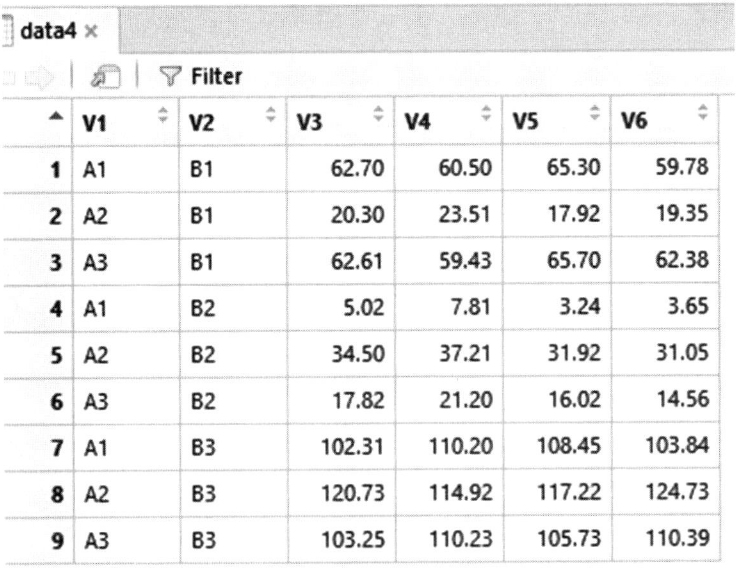

	V1	V2	V3	V4	V5	V6
1	A1	B1	62.70	60.50	65.30	59.78
2	A2	B1	20.30	23.51	17.92	19.35
3	A3	B1	62.61	59.43	65.70	62.38
4	A1	B2	5.02	7.81	3.24	3.65
5	A2	B2	34.50	37.21	31.92	31.05
6	A3	B2	17.82	21.20	16.02	14.56
7	A1	B3	102.31	110.20	108.45	103.84
8	A2	B3	120.73	114.92	117.22	124.73
9	A3	B3	103.25	110.23	105.73	110.39

图 8-5　查看数据

为了分析方便,我们需要将如图 8-6 左边的形式转化为右边的形式:

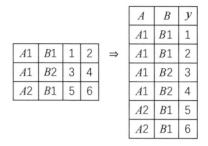

图 8-6　数据转型

同样我们仍然使用 reshape2 包下面的 melt 函数进行处理:

```
library(reshape2)    ♯载入 reshape2 包
d <- melt(data4,id = c("V1","V2"))
```

♯V1,V2 作为两个因素,对 data4 其余列作为目标 y,融合并将表格复制给变量 d

我们得到融合后的表格(前 1~9 行)如图 8-7 所示。

	V1	V2	variable	value
1	A1	B1	V3	62.70
2	A2	B1	V3	20.30
3	A3	B1	V3	62.61
4	A1	B2	V3	5.02
5	A2	B2	V3	34.50
6	A3	B2	V3	17.82
7	A1	B3	V3	102.31
8	A2	B3	V3	120.73
9	A3	B3	V3	103.25

图 8-7　查看数据

显然只有 $V1,V2,$value 是我们进行分析需要用的。

操作:将数据直接利用方差分析函数计算得到

   fit <- aov(value~V1 * V2,d)

   #将 A(V1),B(V2),y(value)写入表达式分析,并将结果存入 fit 备用

  summary(fit)   #分析结果

结果:

	Df	Sum Sq	Mean Sq	F value	Pr(>F)	
V1	2	176	88	9.514	0.000 746 ***	#V1 或 A 相关参数
V2	2	53 342	26 671	2 887.983	< 2e-16 ***	#V2 或 B 相关参数
V1:V2	4	6 623	1 656	179.294	< 2e-16 ***	#A 和 B 共同作用的参数
Residuals	27	249	9			

- - -

Signif. codes: 0 '***' 0.001 '**' 0.01 '*' 0.05 '.' 0.1 ' ' 1

结果分析:从结果看 $V1$ 或者 A 因素的值是显著有差异的,$V2$ 或 B 也是显著有差异的,同样 A,B 共同作用时也是会对目标结果有显著影响的。

练习与作业

同第七章作业。

第九章　SPSS、R 语言的适合性检验与独立性检验

第一节　卡方适合性检验

一、实验目的

掌握卡方适合性检验的方法和原理。

掌握卡方适合性检验的 SPSS 操作。

能够利用卡方适合性检验解决本专业的实际问题。

二、理论知识

非参数检验与参数检验共同构成统计推断的基本内容。参数估计是在总体分布已知的情况下,通过样本统计量和抽样分布理论对总体参数进行统计推断的过程,而非参数检验是在总体分布未知或知之甚少的情况下,利用样本数据对总体分布进行统计推断的方法。非参数检验的效率要低于参数检验。非参数检验方法包括:卡方检验、二项分布检验、符号检验、秩和检验等。本实验仅介绍卡方适合性检验。

卡方适合性检验方法是判断实际观察的属性类别分配是否符合已知属性类别分配理论或学说的假设检验,例如:动物遗传学中常用来检验实际结果是否与遗传规律相符合,样本的分布与总体理论分布是否相符合等,其理论次数是按照某种理论或假说的概率求得。其假设检验步骤为:

（1）提出假设。H_0:样本来自的总体分布与期望分布无显著性差异。H_A:样本来自的总体分布与期望分布有显著性差异。

（2）计算理论值。在原假设（H_0）成立的前提下,根据某种理论或假说计算样本理论值。这一步骤在理论计算时需提前计算,在 SPSS 软件操作时,当样本

数据输入后，SPSS 22.0 将自动计算出理论值。

（3）在无效假设（原假设）成立的前提下，构造、计算检验统计量。经典的卡方检验的统计量是 Pearson 卡方统计量，其数学公式为：

$$\chi^2 = \sum_{i=1}^{k} \frac{(O_i - E_i)^2}{E_i}$$

当自由度等于 1 时，需进行连续性校正，校正的检验统计量为：

$$\chi_C^2 = \sum_{i=1}^{k} \frac{(|O_i - E_i| - 0.5)^2}{E_i}$$

式中：O 和 E 分别为观测频数和期望频数（理论值）。服从 $k-1$ 个自由度的卡方分布，其中 k 为样本数据类别数。

样本数据输入 SPSS 后，SPSS 22.0 将自动计算 t 统计量的观测值，并给出相应的伴随概率 P 值（SPSS 用 Sig. 表示）。

（4）统计推断。给定显著性水平 α，如果卡方统计量的相伴概率 P 值小于显著性水平 α，则拒绝零假设，接受备择假设，认为样本来自的总体分布与期望分布存在显著性差异；反之，如果卡方统计量的相伴概率 P 值大于显著性水平 α，则接受零假设，认为样本来自的总体分布符合期望分布，与之无显著性差异。

三、实验内容

在研究牛的毛色和角的有无两对相对性状分离现象时，用黑色无角牛和红色有角牛杂交，子二代出现黑色无角牛 192 头，黑色有角牛 78 头，红色无角牛 72 头，红色有角牛 18 头，共 360 头。试问这两对性状是否符合孟德尔遗传规律中 9：3：3：1 的遗传比例？

资料来源：明道绪. 生物统计附试验设计（第 3 版）. 北京：中国农业出版社，2002. 第 5 章

四、实验步骤

（1）建立并打开数据文件"牛毛色的适合性检验.sav"。

（2）执行"数据（D）→加权个案（W）"命令，如图 9-1 所示，打开"加权个案"对话框，将频数变量"观测次数"选入"频率变量（F）"，单击"确定"，如图 9-2 所示。

（3）执行"分析→非参数检验（N）→旧对话框（L）→卡方（C）"命令，如图 9-3 所示，弹出"卡方检验"对话框。

图 9-1　"数据:加权个案"对话框

图 9-2　"加权个案"视图

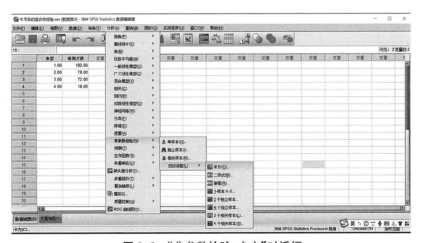

图 9-3　"非参数检验:卡方"对话框

（4）在"卡方检验"对话框中，将分类变量"表型"变量选入 "检验变量列表（T）"框中，系统默认各类型的理论比率一致，如果不一致，则须在"期望值"中选"值（V）"，顺序填入期望值（理论值），用"Add"加入下面候选框中。本例依次输入"202.5、67.5、67.5、22.5"，如图 9-4 所示。点击"确认"按钮，提交系统运行。

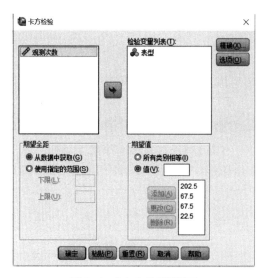

图 9-4 "卡方检验"视图

五、实验结果与分析

结果如下：表 9-1 列出表型的观测值频数、期望值频数及差值。

表 9-1 表型

	观测到的 N	预期的 N	残差
黑色无角牛	192	202.5	−10.5
黑色有角牛	78	67.5	10.5
红色无角牛	72	67.5	4.5
红色有角牛	18	22.5	−4.5
总计	360		

表 9-2 列出卡方值、自由度及检验概率。本例卡方值为 3.378，自由度为 3，检验概率为 0.337 大于 0.05，说明牛的毛色和角的有无两对相对性状符合孟德尔遗传规律中的遗传比例。

表 9-2　检验统计

	表型
卡方	3.378ᵃ
自由度	3
渐近显著性	.337

a. 0 个单元格（0.0%）的期望频率小于 5。最少的期望频率数为 22.5。

练习与作业

1. 用正常羽毛鸡与翻毛鸡杂交，F1 代全部为翻毛鸡，F1 代自交后得 200 只雏鸡，其中翻毛鸡 143 只，正常羽 57 只，问鸡的羽毛是否受一对具有显隐性关系的基因控制？

资料来源：张勤. 生物统计学. 北京：中国农业大学出版社，2008.第 13 章

2. 在进行山羊群体遗传检测时，观察了 260 只白色羊与黑色羊杂交的子二代毛色，其中 181 只为白色，79 只为黑色，问此毛色的比率是否符合孟德尔遗传分离定律的 3∶1 比例？

资料来源：李春喜，姜丽娜，邵云.生物统计学学习指导.北京：科学出版社，2008. 第 5 章

3. 在研究牛的毛色和角的有无两对相对性状分离现象时，用黑色无角牛和红色有角牛杂交，子二代出现黑色无角牛 152 头，黑色有角牛 39 头，红色无角牛 53 头，红色有角牛 6 头，共 250 头。试问这两对性状是否符合孟德尔遗传规律中 9∶3∶3∶1 的遗传比例？

资料来源：谢庄，贾青.兽医统计学. 北京：高等教育出版社，2006. 第 6 章

4. 燕麦的颖色受两对基因控制，黑颖（A）和黄颖（B）为显性，且只要 A 存在就表现为黑颖，双隐性则出现白颖。现用纯种黑颖与纯种白颖杂交，F1 全为黑颖，F1 自交产生的 F2 中，黑颖∶黄颖∶白颖＝275∶65∶28，试问符不符合黑颖∶黄颖∶白颖＝12∶3∶1 的比例？

资料来源：王钦德，杨坚. 食品试验设计与统计分析基础(第 2 版). 北京：中国农业大学出版社，2009.第 7 章

5. 根据以往的调查可知，消费者对甲乙两个企业生产的原味酸奶的喜欢程度分别为 48%、52%。现随机选择 80 个消费者，让他们自愿选择各自最喜欢的产品。其结果显示选择甲厂生产产品有 34 人，乙厂生产产品有 46 人，试问消费者对两种产品的喜欢程度是否有显著变化？

资料来源：王钦德，杨坚. 食品试验设计与统计分析基础(第 2 版). 北京：中国农业大学出版社，2009.第 7 章

第二节　交叉列联表分析

一、实验目的

掌握列联表卡方分析的方法和原理。

掌握列联表卡方分析的 SPSS 操作。

能够利用列联表卡方分析解决本专业的实际问题。

二、理论知识

1. 列联表的卡方检验

列联表的卡方检验又称为卡方经常独立性检验,即分析两类因子是相互独立还是彼此相关。例如:动物医学中比较两类药物对家畜某种疾病治疗效果的好坏,试验时首先将病畜分为两组,一组用第一种药物治疗,另一组用第二种药物治疗,然后统计每种药物的治愈头数和未治愈头数。这时需要分析药物种类与疗效是相互关联还是相互独立,若两者彼此相互关联,则表明疗效因药物不同而不同,即两种药物的疗效不相同;若两者相互独立,则表明两种药物疗效相同。列联表卡方检验的统计量是 Pearson 卡方统计量,其构造同卡方适合性检验。

2. 卡方检验的基本步骤

(1) 提出假设。卡方检验的零假设是:行变量与列变量相互独立。备择假设是:行变量与列变量相互关联。

(2) 计算理论值。在原假设成立的前提下,根据比例计算样本理论值。同适合性检验,这一步骤在理论计算时需提前计算,在 SPSS 软件操作时,当样本数据输入后, SPSS 22.0 将自动计算出理论值。

(3) 在无效假设(原假设)成立的前提下,构造、计算检验统计量。

$$\chi^2 = \sum_i^k \frac{(O_i - E_i)^2}{E_i}$$

当自由度等于 1 时,需进行连续性校正,校正的检验统计量为:

$$\chi_C^2 = \sum_i^k \frac{(|O_i - E_i| - 0.5)^2}{E_i}$$

式中:O 和 E 分别为观测频数和期望频数(理论值)。服从自由度为

$(r-1)(c-1)$的卡方分布,其中 r 为列联表行数,c 为列联表列数。

样本数据输入 SPSS 后,SPSS 22.0 将自动计算 t 统计量的观测值,并给出相应的伴随概率 P 值(SPSS 用 Sig.表示)。

(4) 统计推断。给定显著性水平 α,如果卡方统计量的相伴概率 P 值小于显著性水平 α 则拒绝零假设,接受备择假设,认为行变量与列变量相互关联;反之,如果卡方统计量的相伴概率 P 值大于显著性水平 α,则接受零假设,认为行变量与列变量相互独立。

三、实验内容

某猪场用 80 头猪检验某种疫苗是否有预防效果,结果是:注射疫苗的44头中有 12 头发病,32 头未发病;未注射的 36 头中有 22 头发病,14 头未发病。问:该疫苗是否有预防效果? 试检验该疫苗是否有疗效。

表 9-3　2×2 列联表

	发病	未发病
注射	12	32
未注射	22	14

数据来源:明道绪. 生物统计附试验设计(第三版). 北京:中国农业出版社,2002.第 7 章

四、实验步骤

(1) 打开数据文件"猪场某种疫苗效果.sav",如图 9-5 所示。

图 9-5　"猪场某种疫苗效果"数据视图

（2）执行"数据（D）→加权个案（W）"命令，如图 9-6 所示，打开"加权个案"对话框，将频数变量"实测值"选入"频率变量（F）"，单击"确定"，如图 9-7 所示。

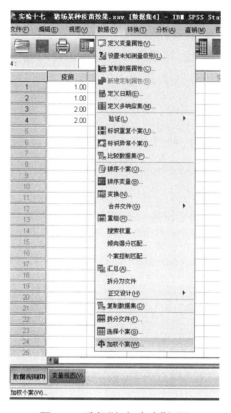

图 9-6 选择"加权个案"视图

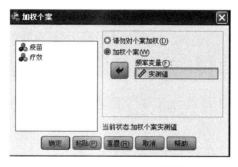

图 9-7 "加权个案"对话框

（3）执行"分析→描述统计→交叉表格"命令，弹出"交叉表格"对话框。将"疫苗"变量填入"行（O）"框中，将"疗效"变量填入"列（C）"框中，如图 9-8 所示。

图 9-8　"交叉表格"对话框

（4）点击"Statistics"按钮，弹出"统计"对话框，选中"卡方"按钮，如图 9-9 所示，点击"继续"按钮返回主界面（图 9-8），点击"确定"按钮，提交系统运行。

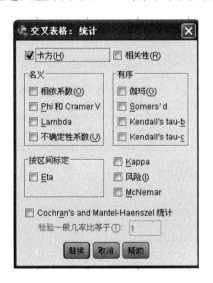

图 9-9　"交叉表格:统计"对话框

五、实验结果与分析

结果如下：表 9-4 为疫苗、疗效的有效样本、缺失样本和总样本数。有效样本为 80，占 100%。

表 9-4　个案处理摘要

	个案					
	有效		缺失		总计	
	数字	百分比	数字	百分比	数字	百分比
疫苗 ＊ 疗效	80	100.0%	0	0.0%	80	100.0%

表 9-5 为疫苗、疗效的列联表。在列联表中输出频数、合计。

表 9-5　疫苗 ＊ 疗效交叉表

计数		疗效		总计
		发病	未发病	
疫苗	注射	12	32	44
	未注射	22	14	36
总计		34	46	80

表 9-6 为卡方检验表，表中包括 Pearson 卡方检验（即普通卡方检验的卡方值）、连续性校正卡方值、似然比卡方检验、精确概率法（Fisher's Exact Test）、线性相关卡方检验。如果显著性水平 α 为 0.05，由于概率 P 值小于显著性水平 α，则应拒绝零假设，可以认为注射疫苗会影响疗效。

表 9-6　卡方检验

	值	自由度	渐近显著性（双向）	精确显著性（双向）	精确显著性（单向）
Pearson 卡方	9.277[a]	1	.002		
连续校正[b]	7.944	1	.005		
似然比（L）	9.419	1	.002		
Fisher 精确检验				.003	.002
线性关联	9.161	1	.002		
有效个案数	80				

a. 0 个单元格（0.0%）具有的预期计数少于 5。最小预期计数为 15.30。
b. 仅为 2×2 表格计算。

练习与作业

1. 为检验某种新的鸡瘟疫苗的效果,将 200 只鸡随机地分为两组,一组接受新疫苗,另一组接受常规疫苗,所得结果如下表。试检验该新旧疫苗是否有显著差异。

2×2 列联表

	发病	不发病
新疫苗	10	90
常规疫苗	15	85

数据来源:张勤. 生物统计学. 北京:中国农业大学出版社,2008.第 5 章

2. 某猪场用 80 头猪检验某种疫苗是否有预防效果,结果如下:注射疫苗的 44 头中有 12 头发病,32 头未发病;未注射疫苗的 36 头中有 22 头发病,14 头未发病。问:该疫苗是否有预防效果?

2×2 列联表

	发病	未发病
注射	12	32
不注射	22	14

数据来源:明道绪. 生物统计附试验设计(第三版). 北京:中国农业出版社,2002.第 5 章

3. 为了检验新措施对防治仔猪白痢是否优于传统措施(对照),研究试验后得到如下资料:

2×2 列联表

	治愈	死亡
对照	114	36
新措施	132	18

数据来源:张勤. 生物统计学. 北京:中国农业大学出版社,2008.第 13 章

问:新措施是否优于传统措施?

4. 为了检验三种布氏杆菌活菌苗的免疫效果,将 64 只绵羊随机分为 4 组,一组不用任何疫苗作为对照,其余 3 组各用一种疫苗进行免疫处理,然后均用强毒攻击,发病情况如下:

175

2×C 列联表

	疫苗 1	疫苗 2	疫苗 3	对照
发病头数	2	3	6	14
未发病头数	14	13	10	2

数据来源:张勤. 生物统计学. 北京:中国农业大学出版社,2008.第 13 章.

请分析这些疫苗是否有效。

5. 用某药物甲、乙、丙三种浓度治疗 219 尾病鱼,试验结果如下表所示。试检验三种浓度下的药物治疗效果。

R×C 列联表

药物浓度	治愈	显效	好转	无效
甲	67	9	10	5
乙	32	23	20	4
丙	10	11	23	5

数据来源:谢庄,贾青.兽医统计学. 北京:高等教育出版社,2006. 第 2 章

第三节　R 语言适合性检验

在统计分析中有一类数据是我们比较关心的,例如我们按照孟德尔的遗传学说可以知道后代中的不同表型的数量应该呈现出 4:1 或者 9:3:3:1 的模式。这里需要验证我们自己采集的数据是不是也满足第二种,例如我们的数据为 255,94,86,30,经典遗传比例为 9:3:3:1。

在 R 中对于适合性检验也可以使用 χ^2 检验,方法较为简单:
代码:

```
typicalPro <- c(9/16,3/16,3/16,1/16)  #经典比例按照概率值填入
testdata <- c(255,93,86,30)  #要被检验的数据
chisq.test(testdata,p = typicalPro)  #检验是否合适
```

结果:

```
Chi-squared test for given probabilities
data: testdata
X-squared = 0.597 7, df = 3, p-value = 0.897
```

结果：显然我们关心的是 p-value = 0.897，由于它的值 0.897＞0.05，所以是显著满足的，也就是这组数据是满足孟德尔经典比例的。

练习与作业

同本章第一节。

第四节　R语言简单独立性与相关检验

生产实践中常常需要对一些看似改变的结果进行独立性检验，例如某医学药物实验，给 5 个患者分别服用不同程度的新药，实验结果显示是好转的，但是我们不能排除患者本身即使没有服药就有好转的迹象这种假设。这种情况下我们不知道是药物的作用还是患者本身的自愈作用，因而需要进行独立性检验，如果独立，说明和药物无关，如果不独立说明很大程度上是药物起作用。

但是也需要特别注意的是，当给的样本量非常小（小于 25）时，独立性检验有时候并不算准确，例如样本可能是特定选择的，使得结果呈现独立性但实际上是不独立的。

在 R 中检验两个变量是否独立给出了三种不同的方法，下面我们就卡方检验做详细介绍：

一、卡方独立性检验（χ^2 检验）

卡方检验的函数为：

$$chisq.test(A) \quad \#A 为二维数据表或者频数表$$

适用情况：直接给出的数据量比较少（小于 2×3 大小的表格）但是也可以用在大量数据上。如果要对 2×3 以上的做精确的独立性检验可以使用 fisher 检验函数，调用格式为：

$$fisher.test(A) \quad \#A 为二维数据表或者频数表$$

例 4-1　有一调查以研究消费者对有机食品 Org 和常规食品 Nor 的态度。在超级市场随机选择 50 个男性和 50 个女性消费者，问他 M（她 F）们更偏爱哪类食品，结果如表 9-12 所示。试分析性别与对食品的偏爱有无关联？或者说不同性别对有机食品的喜好明显不同？

表 9-7　实验结果统计

Sex	Org	Nor
M	10	40
F	20	30

［数据来源：王钦德，杨坚. 食品试验设计与统计分析基础(第 2 版). 北京：中国农业大学出版社，2009.第 7 章］

分析：由于这里直接给出的就是二维频数表，因而不需要再转化为频数表，但是我们再输入到程序分析时 M、F 不是具体的输入值，而是行的名称，那么直接将数据输入到 R 中进行分析。

操作：将数据输入 data5.txt 并导入到 Rstudio 中。

首行为标题的方式导入为

此时就可以直接进行卡方独立检验了：

chisq.test(data5)　＃卡方检验 data5 中的行列信息

得到的结果为：

Pearson's Chi-squared test with Yates' continuity correction

data： data5

X-squared = 3.857 1, df = 1, p-value = 0.049 53

结果分析：我们主要看的是 p-value = 0.049 53，一般情况下我们认为 p-value > 0.05 为显著独立的，从检验的结果看 0.049 53 < 0.05 因此我们认为例题中的性别与偏好是不独立的，或者我们认为性别一定程度上决定了对食物的喜好。

二、相关性度量

若我们知道两个变量之间并不是独立的，那么我们有时需要对变量之间的相关程度进行表示，这种表示可能解释了两个或多个变量之间的关联程度。

为了解释相关性的一般意义，我们重温简单的数学意义，在代数几何中，直线方程：

$$y = ax + b$$

表示了 x 与 y 之间的关系和位移，这样 x 与 y 在数值上呈现出一定的比例，这

个比例就是系数 a。我们还可以理解为若 x,y 是有关系的,那么已知 x 就可以一定程度上通过关系系数 a 得到 y。在统计学中我们通常需要知道两个非独立变量的关系程度,我们把确定性关系,比如通过一个变量 x 可以确定地得到 y 表示为 1,若两个变量完全没有关系,那么就会表示成 0,如果 x 只决定了一定比例的 y 的值,那么 a 就会介于 0~1 之间。

R 中提供了三种计算这种相关程度的方法,分别称为 Pearson、Spearman、Kendall 相关系数。

其中 Pearson 相关系数用在两个变量的相关程度的计算(两两),Spearman 相关系数是用在有序变量的相关系数计算上(有主次),Kendall 是一种多变量相关系数的计算方法(无差别或未知)。

使用的函数为:

```
cor(A)    #A 为表格或数据框
```

1. 数据框数据计算

代码为:

```
cor(class1 $ sex,class1 $ height)    #计算表格 class1 中的 sex 和 height 之间的相关系数
```

结果为:

```
[1] 0.7205156
```

结果分析:这里直接计算的是两个变量的相关性,通常相关系数有三种情况,± 1,0 和 $0<\pm x<1$,需要注意的是相关系数有正负之分,也就是说有时候 $y=ax+b$ 中有可能随着 x 增加 y 会下降,不一定非得增长。

注意:相关性判定必须在独立情况已经得到证实后才有意义,比如这里的 sex 和 height 其实并不相关,这是因为我们用 chisq.test(class1 $ sex,class1 $ height)验证独立性的结果并不是相关的(当然也可能是由于卡方检验的不确定性或样本的特定性造成的)。

因此如果发现独立检验和相关系数冲突,那么可能是我们样本采集方法有问题或者应该换用更精确的 Fisher 进行独立性检验。

2. 对于表格类型

它的结果与单独两个变量有差别,例如我们还是对 class1 进行相关分析:

代码:

```
cor(class1)
```

结果:

	sno	sex	height
sno	1.000 000 0	− 0.344 797 7	− 0.160 9420
sex	− 0.344 797 7	1.000 000 0	0.720 515 6
height	− 0.160 9420	0.720 515 6	1.000 000 0

结果分析:行列交叉的位置为这两个变量的相关系数,显然有一些是负相关,有一些是正相关,例如第一行第二列表示 sno 与 sex 的相关性是负相关的,但是也需要注意到这样的结果没有什么意义,因为学号是随意编排的,我们只关注性别和身高的相关性系数 0.720 515 6。

三、相关性度量的检验

上面的例子也能看出一些明显是独立的变量却能计算出相关系数来,我们除了自己要检查数据的有效性外,也可以借用 R 中提供的相关性检验来验证。

相关检验的目的就是检查这样的相关性是不是显著的,调用函数为:

cor.test(A,B)　♯A 单变量,B 单变量,注意它们不是表格或数据框

对于我们上面存疑的 sex 与 height 进行验证:

代码:

cor.test(class1 $ sex,class1 $ height)　♯验证表格 class1 中 sex 与 height 相关性

结果:

Pearson's product-moment correlation

data: class1 $ sex and class1 $ height

t = 4.156 2, df = 16, p-value = 0.000 743 6

alternative hypothesis: true correlation is not equal to 0

95 percent confidence interval:

0.382 219 1 0.888 504 2

sample estimates:

cor

0.720 515 6

结果分析:结果中给出了 sex 与 height 相关的一些信息,同样我们关注它的 p-value,这次明显小于显著水平 0.05,因此我们可以拒绝或者我们不认为这样的相关系数是有效的。

练习与作业

同本章第二节。

第十章 简单线性相关与回归分析

第一节 两变量的相关分析

一、实验目的

掌握简单相关分析的方法和原理。

掌握简单相关分析的 SPSS 操作命令。

能够运用简单相关分析解决本专业生物统计中的实际问题。

二、理论知识

1. 简单相关分析的概念

统计学中,相关分析是一种非确定关系。简单相关也称为线性相关或直线相关,是研究两个变量之间线性相关密切程度一种统计方法。它是通过描述相关关系的统计量来确定相关的密切程度和线性相关的方向。常用的描述连续性变量的统计量是皮尔逊(Pearson)相关系数,一般用符号 r 来表示样本相关系数。当然,相关系数计算还有其他方法,例如:描述两个序次或等级变量的斯皮尔曼(Spearman)和肯德尔(Kendall)秩相关系数等。本实验仅讨论皮尔逊(Pearson)相关系数。

2. 相关系数的计算方法

皮尔逊(Pearson)样本相关系数的计算公式为:

$$r = \frac{SP_{xy}}{\sqrt{SS_x SS_y}} = \frac{\sum (x - \bar{x})(y - \bar{y})/(n-1)}{\sqrt{\sum (x - \bar{x})^2/n-1}\sqrt{\sum (y - \bar{y})^2/n-1}}$$

$$= \frac{\sum (x - \bar{x})(y - \bar{y})}{\sqrt{\sum (x - \bar{x})^2}\sqrt{\sum (y - \bar{y})^2}}$$

181

式中：$\bar{x}$，$\bar{y}$ 分别为样本观测值 x_i，y_i 的算术平均数，SP_{xy} 为变量 x 和变量 y 的离均差乘积和（简称乘积和），SS_x 为变量 x 的离均差平方和，SS_y 为变量 y 的离均差平方和。

总体相关系数用 ρ 表示：

$$\rho = \frac{1}{N} \sum_{1}^{N} \left[\left(\frac{X - \mu_X}{\sigma_X} \right) \left(\frac{Y - \mu_Y}{\sigma_Y} \right) \right] = \frac{\sum (X - \mu_X)(Y - \mu_Y)}{\sqrt{\sum (X - \mu_X)^2 \sum (Y - \mu_Y)^2}}$$

总体相关系数 ρ 的公式与 r 的公式相似，只是将样本统计量替换成总体参数。

3. 相关系数的假设检验

由样本资料求出的相关系数 r 与其他统计量一样，也存在着抽样误差，样本中两个变量之间的相关系数 r 不为 0，不能直接就判断总体中两个变量间的相关系数 ρ 不是 0，断定总体是否存在线性相关关系，必须进行假设检验才能得出结论。相关系数假设检验的零假设为 $H_0 : \rho = 0$，备择假设为 $H_A : \rho \neq 0$。理论构造的统计量有 t、F 统计量。给定显著性水平 α，做出判断。如果检验统计量相对应的伴随概率 P 值（SPSS 中常用 $Sig.$ 值来表示）小于显著性水平 α，则拒绝原假设，认为总体相关系数不为零，计算得到的样本相关系数是有意义的，它可以说明两个变量之间的相关程度；反之，当 P 值大于显著性水平 α，则不能拒绝原假设，认为总体相关系数为零，不能根据计算得到的样本相关系数来说明两者之间相关程度。

三、实验内容

表 10-1 为在四川白鹅的生产性能研究中，得到如下一组关于雏鹅重（g）与 70 日龄重（g）的数据，试分析 70 日龄重（Y）与雏鹅重（X）之间的相关关系。

表 10-1　四川白鹅雏鹅重与 70 日龄重测定结果　　　　　　　　单位：g

编号	1	2	3	4	5	6	7	8	9	10	11	12
X	80	86	98	90	120	102	95	83	113	105	110	100
Y	2 350	2 400	2 720	2 500	3 150	2 680	2 630	2 400	3 080	2 920	2 960	2 860

数据来源：明道绪. 生物统计附试验设计（第 3 版）. 北京：中国农业出版社，2002.第 8 章.

四、实验步骤

（1）绘制散点图，以判断两个变量之间有无线性相关趋势，见图 10-1。

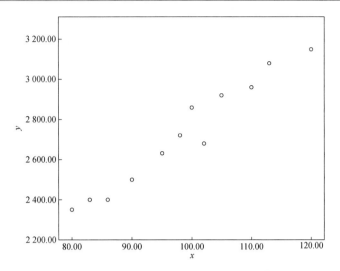

图 10-1　四川白鹅 70 日龄重与雏鹅重散点图

由图 10-1 可见,四川白鹅 70 日龄重与雏鹅重之间有线性相关趋势,可以做线性相关分析。

(2) 从菜单上依次选择"分析→相关→双变量(二元相关)"命令,打开对话框,如图 10-2 所示。

图 10-2　"四川白鹅 70 日龄重与雏鹅重"数据视图

选择"X""Y"到变量框;选择"相关系数 Pearson""显著性检验:双侧检验""标记显著性相关",如图 10-3 所示,单击"确定"按钮。

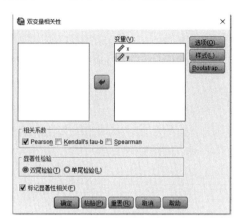

图 10-3 "双变量相关性"对话图

五、实验结果与分析

由结果表 10-2 可以看出,变量间相关系数是以 2×2 方阵形式出现的。每一行和每一列的两个变量对应的单元格就是这两个变量相关分析结果,有三个数字,分别为 Pearson 相关性、显著性(双尾)、N(样本量)。

如表 10-2 所示,四川白鹅 70 日龄重与雏鹅重的 Pearson 相关系数为 0.977,显著性检验 P 值为 0.000,样本量为 12。

从相关系数可以看出两者是正相关的而且具有强相关性。显著性检验 0.000<0.05,否定零假设$H_0 : r=0$,根据这 12 个小样本可推断出四川白鹅 70 日龄重与雏鹅重之间有极显著的线性相关性。

表 10-2 四川白鹅 70 日龄重与雏鹅重相关分析

		x	y
	Pearson 相关性	1	.977**
x	显著性(双尾)		.000
	N	12	12
	Pearson 相关性	.977**	1
y	显著性(双尾)	.000	
	N	12	12

**.在置信度(双侧)为 0.01 时,相关性是显著的。

练习与作业

1. 抽测了某品种 10 头绵羊的胸围（cm）与体重（kg），实验数据如下：

绵羊的胸围与体重数据

胸围 x（cm）	68	70	70	71	71	71	73	74	76	76
体重 y（kg）	50	60	68	65	69	72	71	73	75	77

数据来源：张勤. 生物统计学. 北京：中国农业大学出版社，2008.第 9 章

求：胸围与体重的相关系数，并进行显著性检验。

2. 某猪场 10 头育肥猪的饲料消耗与增重资料如下：

育肥猪的饲料消耗与增重数据

序号	1	2	3	4	5	6	7	8	9	`10
饲料耗量 x（kg）	191	167	194	158	159	199	179	177	172	170
增重 y（kg）	38	36	42	24	38	43	37	36	34	35

数据来源：徐继初. 生物统计及试验设计. 北京：中国农业出版社，1992.第 6 章

试做相关分析。

3. 调查了某品种猪 7 窝仔猪的初生平均个体重与 20 日龄平均个体重（kg）资料如下，试做相关分析。

仔猪的初生平均个体重与 20 日龄平均个体重数据

初生平均个体重 x（kg）	1.663	1.492	1.420	1.315	1.245	1.243	1.157
20 日龄平均个体重 y（kg）	5.925	5.177 7	5.110	4.914	4.883	4.824	4.790

数据来源：张勤. 生物统计学. 北京：中国农业大学出版社，2008.第 9 章

4. 在研究代乳粉营养价值时，用 8 只大白鼠做实验，得不同进食量（g）下大白鼠的增重（g）数据如下表所示。试用直线相关描述其关系，并做检验。

大白鼠进食量与增重数据

	1	2	3	4	5	6	7	8
进食量 x（g）	800	780	720	867	690	787	934	750
增重 y（g）	185	158	130	180	134	167	186	133

数据来源：谢庄，贾青.兽医统计学. 北京：高等教育出版社，2006. 第 9 章

5. 采用碘量法测定还原糖,用 0.05 mol/L 浓度硫代硫酸钠滴定标准葡萄糖溶液,记录耗用硫代硫酸钠体积数(ml),得到如下数据:

表 10-7　硫代硫酸钠体积数与葡萄糖含量数据

硫代硫酸钠 x(ml)	0.9	2.4	3.5	4.7	6.0	7.4	9.2
葡萄糖 y(mg/ml)	2	4	6	8	10	12	14

数据来源:王钦德,杨坚. 食品试验设计与统计分析基础(第 2 版). 北京:中国农业大学出版社,2009. 第 6 章

试求 y 对 x 的相关系数,并进行有效性检验。

第二节　SPSS 简单线性回归分析

一、实验目的

掌握简单线性回归分析的方法和原理。
掌握简单线性回归分析的 SPSS 操作。
能够运用简单线性回归分析解决本专业的实际问题。

二、理论知识

1. 简单线性回归分析

前文所述的简单相关分析只是说明两个变量有无关系,相关关系也只是表示两变量间相关的性质及其相关的密切程度,不能反映出二者之间数量上的变化关系。在动物科学、动物医学实践中,往往需要从一个变量来估测另一个变量的变化,并确定当给自变量 x 为某一值时,依变量 y 将要在什么范围内变化,这就需要进行回归分析。简单线性回归分析可以确定依变量 y 与自变量 x 之间的定量表达式,即线性回归方程式,并可确定它们联系的密切程度。同时还可利用求出的线性回归方程式,通过控制可控自变量 x 的数值来预测或控制依变量 y 的取值和精度。

简单相关分析与简单线性回归分析既有联系又有区别,它们都是研究两个变量之间线性关系的两种统计分析方法。简单相关分析中要求两个变量都是随机变量、服从正态分布;而简单线性回归分析中自变量 x 是普通数学变量,依变量 y 是随机变量、服从正态分布。

2. 简单线性回归分析的理论模型

$$Y_i = \alpha + \beta X_i + \varepsilon_i \quad i = 1, 2, \cdots, n$$

式中：ε_i 为相互独立且都服从 $N(0, \sigma^2)$ 的随机变量。

简单线性回归分析的主要任务是根据样本实测数据求出未知参数 α，β 的估计值 a，b，从而得到估计的回归方程。

3. 简单线性回归分析的基本步骤

（1）绘制样本数据散点图。在进行回归分析之前，需要对样本资料是否满足要求进行判断。可以先使用简单相关分析法确定自变量 x 与依变量 y（SPSS 中翻译为因变量）之间的相关系数；或者绘制散点图，观察自变量与依变量之间是否存在线性相关关系、异常值等情况。如果确定是异常值，还需要通过剔除或采用其他估计方法进行处理。

（2）估计总体参数，建立回归预测模型。计算未知参数 α，β 的估计值 a，b。

（3）利用相应的检验统计量对回归预测模型进行显著性检验，对回归估计总体参数进行显著性检验。

（4）检验显著后，可使用回归模型进行预测，分析评价预测值。回归模型拟合完后，通过残差分析结果可以考察模型是否可靠。

完成上述步骤后，这样才能认为得到的是一个统计学上有意义的无误的简单线性回归模型。

三、实验内容

表 10-3 为了测定培养基上葡萄糖浓度对真菌生长的影响，采用含有 1/50 mg 的矿物质营养元素的葡萄糖培养液，实验记录如表 10-3 所示：

表 10-3　真菌接种后天数与菌落半径的数据

接种后的天数	3	5	7	9	11	13
菌落半径（mm）	7.7	13.0	17.5	23.0	26.7	29.7

数据来源：徐继初. 生物统计及试验设计. 北京：中国农业出版社，1992.第 6 章.

试确定菌落半径与接种后天数的回归关系。

四、实验步骤

在 SPSS 22.0 中建立和打开数据文件，如图 10-4 所示。

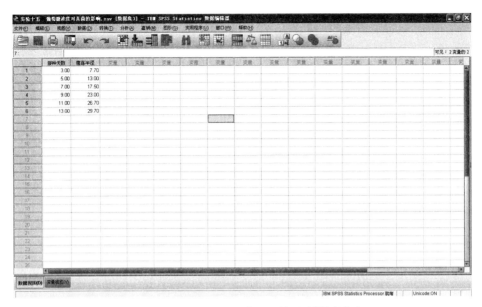

图 10-4　"葡萄糖浓度对真菌生长的影响"的数据视图

（1）进入线性回归分析的对话框，如图 10-5 所示。选择"分析→回归→线性"命令。弹出如图 10-6 所示的回归分析对话框。

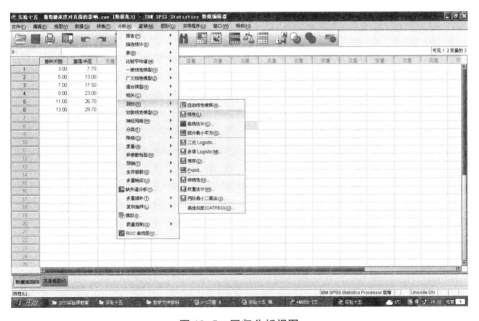

图 10-5　回归分析视图

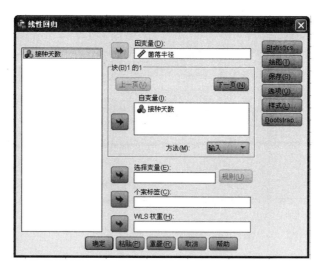

图 10-6　回归分析对话框

（2）选择分析变量。将"菌落半径"送入因变量分析框；将"接种天数"送入自变量分析框。

（3）在"方法（M）"框中选择回归分析方法。SPSS 提供了 5 种选择方法，通过选择不同方法，可以对相同变量建立不同的回归模型。

＊输入：所被选择的自变量全部进入回归模型，该选项是默认方式。

＊逐步：即逐步回归，首先根据方差结果选择符合要求的自变量且对因变量贡献最大的进入方程。然后每步引入方程外具有最小 F 概率（概率小于设定值）的自变量，已在回归方程变量，如果其 F 概率大于设定值，则将其剔除。重复进行，直到没有变量满足引入或剔除的条件时，回归过程终止。

＊删除：建立回归方程时，将所有不能引入方程的变量全部剔除。

＊后退：即后向消元法，首先建立全模型，将所有变量引入方程，然后依次剔除最不符合要求的变量，直至回归模型中无不符合要求的自变量为止。具体剔除步骤为：首先剔除与因变量间偏相关最小且满足剔除标准的变量，然后剔除剩余变量中具有最小偏相关的变量，以此类推，这样每次剔除一个最不符合要求的变量。

＊前进：即向前选择法，从模型中无自变量开始，将自变量依次引入模型，首先引入与因变量最大相关（正或负相关）并满足引入标准的自变量，然后引入具有最大偏相关的自变量，每次引入一个最符合的变量进入模型中，直到符合要求的变量都进入模型为止。

本例选择默认方式"输入"。

（4）选择分析统计量。

单击图 10-6 的"Statistics..."按钮，弹出线性回归："统计"对话框，如图 10-7 所示。

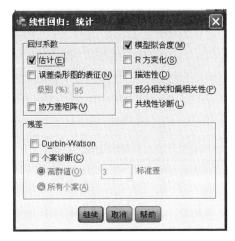

图 10-7 "线性回归:统计"对话框

① 回归系数

*估计($\underline{E}$):输出回归系数 b、b 的标准误、标准化回归系数、对回归系数 b 进行检验的 t 值以及 t 值的双检验的显著性水平 $Sig.$。

*置信区间:计算指定置信水平的每个回归系数或协方差矩阵的置信区间。

*协方差矩阵:输出回归系数的方差-协方差矩阵,其对角线上为方差,对角线以外为协方差,同时还显示各变量的相关系数矩阵。

② 与模型拟合及其拟合效果有关的几个选择项

*模型拟合度($\underline{M}$):输出模型引入或从模型剔除的变量及拟合优度统计量,包括:复相关系数 R、复相关系数 R 平方及其修正值、估计值的标准误等。这是系统默认选择项。

*R 方变化($\underline{S}$):增加或删除一个自变量后 R 方统计量的变化。某变量对应的 R 方改变量较大,说明进入和从方程中剔除的变量可能是一个较好的回归变量。

*部分相关和偏相关性($\underline{P}$):输出部分相关系数、偏相关系数、零阶相关系数。

　＊共线性诊断(L)：共线性(或多重共线性)是指一个自变量是其他自变量的线性函数。该选项输出用来诊断各自变量共线性问题的各种统计量和容差。

③ 残差

　＊Durbin-Watson：该项输出残差序列相关的 Durbin-Watson 检验结果。

　＊个案诊断：该项输出满足选择标准的个案诊断信息。

离群值：设置 n 个标准差以上的值为离群值的判据，默认值为"3"。

所有个案：输出所有观察量的残差值。

单击"继续"按钮，返回如图 10-6 所示的主对话框。

(5) 选择绘制(T)选项

单击图 10-6 的"绘图(T)"按钮，弹出绘图对话框，如图 10-8 所示。

图 10-8　绘图对话框

　线性回归绘图不仅可以帮助检验变量数据的正态性、线性关系和方差齐性的假设，还可以用于识别离群值、异常观察值和有影响的观测量等异常数据。

① 源变量列表

包括：DEPENDNT（因变量）、＊ZPRED（标准化预测值）、标准化残差（＊ZRESID）、＊DRESID（剔除残差）、＊ADJPRED（调整预测值）、＊SRESID（t 化的残差）、＊SDRESID（t 化删除残差）。

② 散点图。从源变量列表中选择变量作为"Y（纵轴变量）"与"X（横轴变量）"，可以绘制源变量列表中的任意两种变量的散点图。针对标准化预测值可以绘制标准化残差，以检查线性关系和等方差性。

③ 产生所有部分图(P)：该项输出每一个自变量的残差相对于因变量残差

的散点图。若要生成部分图,方程中必须有两个及两个以上自变量。

④ 标准化残差图:该项可以选择"直方图(H)"和"正态概率图(R)",输出带有正态曲线的标准化残差的直方图和标准化残差的正态概率图,对标准化残差的分布与正态分布进行比较。

单击"继续"按钮,返回如图 10-6 所示的主对话框。

(6) 单击保存(S)选项

单击图 10-6 的"保存(S)"按钮,弹出保存变量对话框,如图 10-9 所示。

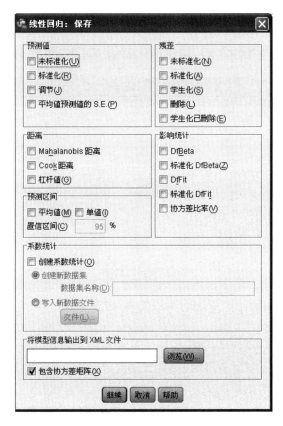

图 10-9 保存变量对话框

① 预测值:回归模型中每个个案的预测值。

＊未标准化(U):因变量的模型预测值,本例为"菌落半径"预测值。

＊标准化(R):该项是将每个预测值变换为其标准化形式,即将预测值与平均预测值之差除以预测值的标准差,达到标准化预测值的平均数为 0,标准差为1 的结果。

＊调节(J)：当某特定实际观测值个案从回归系数的计算中被排除后，该个案的预测值。

＊均值预测值的 S.E.(平均预测值的标准误)：预测值的标准误，与自变量具有相同值的观测值所对应因变量平均值的标准误。

② 残差：是因变量实际观测值减去回归方程的预测值。

＊未标准化(N)：未标准化残差，又称原始残差，是因变量实际观测值与回归方程预测值之间的差。

＊标准化(A)：标准化残差，也称为 Pearson 残差，是残差除以其标准差的商。其平均值为 0，标准差为 1。

＊学生化(S)：学生化残差，又称 t 化残差，是残差除以其随个案变化的标准差的商，这取决于每个观测量的自变量值与自变量平均值之间的距离。

＊删除(L)：剔除残差，在回归系数的计算时剔除某个特定观测量后，因变量值和经调整的预测值之差，它可发现可疑的影响点。

＊学生化已删除(E)：学生化删除差，又称 t 化删除残差，是一个观测量的删除残差除以其标准误。

③ 距离：测量数据点与拟合模型距离的指标。可区分自变量的异常观测值和对回归模型产生很大影响的观测值。

＊Mahalanobis 距离(H)：马哈拉诺比斯距离，简称马氏距离，是自变量观测值与样本平均值的距离。将马氏距离数值大的观测值视为极端值。

＊Cook 距离(K)：库克距离，如果一个特定的观察值被排除在回归系数的计算之外，所有观测量残差的变化量。当 Cook 距离大于 1 时，表示该记录可能为影响点。

＊杠杆值(G)：用于度量某个数据点对回归模型拟合的影响程度，集中的杠杆值范围为 0(对拟合无影响)到 $(N-1)/N$，如果杠杆值大于 $2P/N$(P 为变量数，N 为样本含量)，则该个体可能为影响点。

④ 预测区间：该项包括平均值、个体预测区间的上下限。

＊平均值(M)：平均值预测区间的上下限。

＊单值(I)：即个体预测区间，是因变量的单个观测量的预测区间。

＊置信区间(C)：是用于指定上述两个预测区间的置信概率。在小框中可以输入 1~99.99 之间的值，常用的置信水平为"95""99"。

⑤ 影响统计

＊DfBeta：β 值的差分，是由于排除了某个特定观测量后导致回归系数的

改变量。回归模型中的每一项(包括常数项)均计算一个值。通常如果此值大于 $2/\sqrt{N}$(其中 N 为观测量数)的绝对值,则被排除了的特定观测量可能是影响点。

* 标准化 DfBeta(Z):β 值的标准化差分,排除了某个特定观测量后导致回归系数的改变量。如果此值大于 $2/\sqrt{N}$,则被排除了的特定观测量可能是强影响点,回归模型中的每一项(包括常数项)均计算该值。

* DfFit(F):拟合值的差分,因排除一个特定的观测量后导致预测值的变化量。

* 标准化 DiFit(T):拟合值的标准化差分。排除一个特定的观测量后导致预测值的变化量。如果此值大于 $2/\sqrt{P/N}$(其中 P 为自变量个数,N 为观测量数)的绝对值,则该观测量可能为强影响点。

* 协方差比率(V):在回归系数计算中,剔除一个特定的观测量后,协方差矩阵行列式与全部观测量的协方差矩阵行列式的比值。如果该比值接近于 1,则说明被排除的观测量不能显著改变协方差矩阵。当比值绝对值大于 $3\times P/N$ 时,该特定的观测量可能为强影响点。

② 系数统计:将回归系数保存到数据集或数据文件。

③ 将模型信息输出到 XML 文件:将参数估计值及其协方差导出到指定的 XML 格式的文件,还可以选择"包含协方差矩阵(X)"。

本例在这里不保存任何值,然后单击"继续"命令,返回如图 10-6 所示主对话框。

(7) 选择分析选项(O)

单击图 10-6 的"选项(O)"按钮,弹出如图 10-10 所示对话框。

① 步进法标准:设置变量进入回归模型或从回归模型中删除的判据。可用于逐步回归法、后向消元法、前向选择法。根据指定的 F 值或 F 值的显著性(概率),可将变量引入或删除出模型。

* 使用 F 的概率(O):当 F 值的显著性水平小于"进入(E)"值时,则将该变量引入回归模型;若大于"删除(M)"值时,则将其从模型中删除。系统默认的显著性水平为 0.05,读者可以根据需要输入自定义值,但要注意"进入(E)"值必须小于"删除(M)"值,且均为正数。提高"进入(E)"值可引入更多变量,降低"删除(M)"值可剔除更多变量。

* 使用 F 值(V):以 F 值作为变量进入模型或从模型中删除的判据。当变量的 F 值大于"进入(N)"值时,则将该变量引入回归模型;若小于"删除(A)"值时,则将其从模型中删除。系统默认进入 F 值≥ 3.84,当 F 值≤ 2.71 时从模型

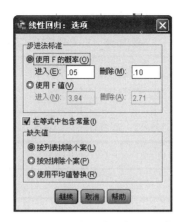

图 10-10　线性回归:选项对话框

中删除该变量。"进入（N）"值必须大于"删除（A）"值,且均为正数。降低"进入（N）"值可引入更多变量,提高"删除（A）"值可删除更多变量。

② 在等式中包含常量（I）选项:在回归模型中包含常数项,这是系统默认选择项,如果取消此项可强迫回归方程经过原点。

本例选择 SPSS 系统默认。单击"继续"按钮,返回如图 10-6 所示主对话框。

（8）执行程序

单击图 10-6"确定"按钮,则在输出窗口中输出回归分析结果。

五、实验结果与分析

（1）回归模型概述表

由表 10-4 可以看出,相关系数为 $R=0.995$,$R^2=0.991$,经调整的 R^2 为 0.989,这些数值表明,两个变量之间存在一定的线性相关关系。

表 10-4　模型摘要[b]

模型	R	R^2	调整后的 R^2	标准估算的误差
1	.995[a]	.991	.989	.89770

a. 预测变量:常量,接种天数
b. 因变量:菌落半径

（2）方差分析表

由表 10-5 可知,$F=434.738$,$Sig.=0.000$,即检验假设"H_0:回归系数 $\beta=$

0"成立的概率等于 0.000，从而应该拒绝 H₀，说明回归效果极为显著。

表 10-5　方差分析ᵃ

模型		平方和	自由度	均方	F	显著性
1	回归	350.337	1	350.337	434.738	.000ᵇ
	残差	3.223	4	.806		
	总计	353.560	5			

a. 因变量：菌落半径
b. 预测变量：常量，接种天数

（3）简单线性回归方程系数表

表 10-6 显示回归系数是：常量为 1.703，自变量为 2.237，回归系数的显著性水平分别为 0.142 大于 0.05，0.000 小于 0.05，回归系数具有统计学意义，但常量不具有统计学意义。回归方程为：$\hat{Y}_i = 1.703 + 2.237 X_i$

表 10-6　系数ᵃ

模型		非标准化系数		标准系数	t	显著性
		B	标准误差	贝塔		
1	常量	1.703	.933		1.825	.142
	接种天数	2.237	.107	.995	20.850	.000

a. 因变量：菌落半径

（4）残差统计量

表 10-7　残差统计数据ᵃ

	最小值	最大值	平均值	标准偏差	数字
预测值	8.414 3	30.785 7	19.600 0	8.370 62	6
残差	−1.085 71	1.162 86	.00 000	.80 292	6
标准预测值	−1.336	1.336	.000	1.000	6
标准残差	−1.209	1.295	.000	.894	6

a. 因变量：菌落半径

练习与作业

1. 在研究代乳粉营养价值时,用 8 只大白鼠做实验,得不同进食量(g)下大白鼠的增重(g)数据,如下表所示。试用直线回归方程描述其关系,并做检验。

表 10-13　大白鼠进食量与增重数据

	1	2	3	4	5	6	7	8
进食量 x (g)	800	780	720	867	690	787	934	750
增　重 y (g)	185	158	130	180	134	167	186	133

数据来源:谢庄,贾青.兽医统计学. 北京:高等教育出版社,2006. 第 9 章.

2. 下表为用氦氖激光照射母黄牛后血红蛋白质含量(g/100 ml)和照射天数(d)的资料,试求两变量的直线回归方程。

氦氖激光照射母黄牛的天数及其血红蛋白质含量

照射天数 x (d)	1	2	3	4	5	6	7	8	9
血红蛋白含量 y (g/100 ml)	8.4	8.2	7.5	6.9	7.1	6.7	6.1	5.4	5.5

数据来源:谢庄,贾青.兽医统计学. 北京:高等教育出版社,2006. 第 9 章.

3. 已知 10 只绵羊的胸围(cm)和体重(kg)资料如下表所示,分别计算体重对胸围、胸围对体重的线性回归方程,并进行假设检验。

绵羊的胸围与体重数据

胸围 x (cm)	68	70	70	71	71	71	73	74	76	76
体重 y (kg)	50	60	68	65	69	72	71	73	75	77

数据来源:张勤. 生物统计学. 北京:中国农业大学出版社,2008.第 9 章.

4. 采用考马斯亮蓝法测定蛋白质含量,在作标准曲线时得到蛋白质含量(y)与吸光度(x)的关系数据,见下表。试求 y 对 x 的线性回归方程、相关系数 r,并进行假设检验。

蛋白质含量与吸光度的关系数据

吸光度 x	0	0.198	0.346	0.483	0.622	0.786	0.952
蛋白质含量 y(μg/mL)	0	0.2	0.4	0.6	0.8	1.0	1.2

数据来源:王钦德,杨坚. 食品试验设计与统计分析基础(第 2 版). 北京:中国农业大学出版社,2009. 第 6 章

5. 测定某品种大豆籽粒内的脂肪含量（%），和蛋白质含量（%）的关系，样本含量 $n=42$，试做回归分析。

某品种大豆籽粒的脂肪（x）和蛋白质（y）含量　　　　　%

x	y	x	y	x	y
15.4	44.0	19.4	42.0	21.9	37.2
17.5	38.2	20.4	37.4	23.8	36.6
18.9	41.8	21.6	35.9	17.0	42.8
20.0	38.9	22.9	36.0	18.6	42.1
21.0	38.4	16.1	42.1	19.7	37.9
22.8	38.1	18.1	40.0	20.7	36.2
15.8	44.6	19.6	40.2	22.0	36.7
17.8	40.7	20.4	39.1	24.2	37.6
19.1	39.8	21.8	39.4	17.4	42.2
20.4	40.0	23.4	33.2	18.9	39.9
21.5	37.8	16.8	43.1	20.8	37.1
22.9	34.7	18.4	40.9	22.3	38.6
15.9	42.6	19.7	38.9	24.6	34.8
17.9	39.8	20.7	35.8	19.9	39.8

数据来源：王钦德，杨坚. 食品试验设计与统计分析基础（第 2 版）. 北京：中国农业大学出版社，2009. 第 6 章。

第三节　R 语言简单线性拟合

线性拟合是由数学的规划分析中得出的一种通过已知观测数据得到一个线性方程，最后由这个线性方程得到数据与结果之间的联系。

实际使用中，线性方程通常用来预测，例如我们得到一个线性方程：

$$y = ax_1 + bx_2 + cx_3 + d$$

如果有一组数据拟合后得到系数 a,b,c,d 那么下一次我们只要知道 x_1,x_2,x_3 的值就可以直接预测 y 的值，显然线性拟合的目的就是找到变量前的系数。

在 R 中，拟合线性模型最基本的函数就是 lm()，格式为：

```
lm(formula,data)    #formula 为基本公式,data 为给定的数据框
```

结果对象如果要存储,那么这个存储的变量在一个列表中,包含了所拟合模型的大量信息。这些信息可以通过下面的函数来查询集体信息。

表 10-8 R 提供的查询拟合函数

summary()	展示拟合模型的详细结果
coefficients()	列出拟合模型的模型参数(截距项和斜率)
confint()	提供模型参数的置信区间(默认 95%)
fitted()	列出拟合模型的预测值
residuals()	列出拟合模型的残差值
anova()	生成一个拟合模型的方差分析表,或比较两个或更多拟合模型的方差分析表
vcov()	列出模型参数的协方差矩阵
AIC()	输出赤池信息统计量
plot()	生成评价拟合模型的诊断图
predict()	用拟合模型对新的数据集预测响应变量值

表达式 $y = ax_1 + bx_2 + \cdots + kx_k$ 的 formula 形式如下:

$$y \sim x_1 + x_2 + \cdots + x_k$$

左边为响应变量,右边为各个预测变量,预测变量之间用"+"符号分隔。表 10-9 给出了如何使用 formula。

表 10-9 拟合使用的运算符

~	分隔符号,左边是响应变量,右边是解释变量。 例如:要通过 x、z 和 w 预测 y,代码是:$y \sim x + z + w$
+	分隔预测变量
:	表示预测变量的交互项。 例如,要通过 x、z 及 x 与 z 的交互项预测 y,代码是:$y \sim x + z + x:z$
*	表示所有可能交互项的简洁方式。 代码 $y \sim x * z * w$ 可展开为:$y \sim x + z + w + x:z + x:w + z:w + x:z:w$
^	表示交互项达到某个次数。 代码 $y \sim (x + z + w)^2$ 可展开为:$y \sim x + z + w + x:z + x:w + z:w$
.	表示包含除因变量以外的所有变量。 例如,若一个数据框包含变量 x、y、z 和 w,代码 $y \sim .$ 可展开为:$y \sim x + z + w$
—	减号,表示从等式中移除某个变量。 例如,$y \sim (x + z + w)^2 - x:w$ 可展开为:$y \sim x + z + w + x:z + z:w$

-1	删除截距项。 例如,表达式 $y \sim x - 1$ 拟合 y 在 x 上的回归,并且强制直线通过原点
$I()$	从算术的角度来解释括号中的元素。 例如,$y \sim x + (z + w)^2$ 则展开为 $y \sim x + z + w + z{:}w$。 相反,代码 $y \sim x + I((z + w)^2)$ 则展开为 $y \sim x + h$,h 是一个由 z 和 w 的平方和创建的新变量
function	可以在表达式中用的数学函数。 例如,$\log(y) \sim x + z + w$ 表示通过 x、z 和 w 来预测 $\log(y)$ 值。

例 10-1　在四川白鹅的生产性能研究中,得到如下一组关于雏鹅重(g)与 70 日龄重(g)的数据,绘制 70 日龄重(Y)与雏鹅重(X)之间的散点图。

表 10-10　四川白鹅雏鹅重与 70 日龄重测定结果　　　　　　　　单位:g

编号	1	2	3	4	5	6	7	8	9	10	11	12
X	80	86	98	90	120	102	95	83	113	105	110	100
Y	2 350	2 400	2 720	2 500	3 150	2 680	2 630	2 400	3 080	2 920	2 960	2 860

数据来源:明道绪. 生物统计附试验设计(第三版). 北京:中国农业出版社,2002.第八章.

数据输入:

```
x <- c(80,86,98,90,120,102,95,83,113,105,110,100)

y <- c(2350,2400,2720,2500,3150,2680,2630,2400,3080,2920,2960,2860)
```

线性拟合代码:(注意我们这里直接将拟合结果存入到 fit 这个变量中):

```
fit <- lm(y ~ x) #拟合 y = ax + b
```

查看结果:

```
> fit

 Call:

 lm(formula = y ~ x)

 Coefficients:

 (Intercept)        x

   582.18         21.71

 #常数项的值     x变量前的系数
```

通过这个结果我们可以认为 y 与 x 之间存在这样的关系:

$$y = 21.71x + 582.18$$

如果直接在 Rstudio 中点击 fit 变量我们会看到它的结果是按照列表存储的:

● fit	list [12] (S3: lm)	List of length 12
● coefficients	double [2]	582.2 21.7
● residuals	double [12]	30.8 -49.4 10.0 -36.3 -37.6 -116.8 ...
● effects	double [12]	-9425.24 891.26 -1.04 -38.22 -73.80 -132.45 ...
rank	integer [1]	2
● fitted.values	double [12]	2319 2449 2710 2536 3188 2797 ...
assign	integer [2]	0 1
● qr	list [5] (S3: qr)	List of length 5
df.residual	integer [1]	10
xlevels	list [0]	List of length 0
● call	language	lm(formula = y ~ x)
● terms	formula	y ~ x
● model	list [12 x 2] (S3: data.frame)	A data.frame with 12 rows and 2 columns

图 10-11　拟合结果查看

这个结果中告知了我们如何去访问这些信息,比如我们想访问这两个系数 coefficients,那么可以直接使用:

代码:

fit $ coefficients:

结果:

(Intercept)　　　　　　x

582.184 97　　　　21.712 17

在线性回归函数的结果中,我们可以通过几个内置的函数查询上面的一些信息,例如查询预测拟合值:

```
fitted(fit)     #指由原始数据回归后的预测值,原始数据为 y,则新预测值为 fitted(fit)
residuals(fit)   #拟合后的每个 y 与预测值之间的预测残差
coefficients(fit)  #计算的直线方程的系数值
```

当然我们还可以查看别的信息,例如:

代码:

```
summary(fit)
```

结果:

```
Call:
lm(formula = y ~ x)
Residuals:      #拟合曲线与数据的残差的分析
    Min      1Q  Median     3Q     Max
-116.83  -36.62  -0.25  34.22  106.60
Coefficients:                       #系数的可信度
```

```
                Estimate Std. Error t value Pr(>|t|)
(Intercept)    582.185      147.315    3.952    0.002 72   **       #常数统计分析
x               21.712        1.485   14.622 4.47e-08  ***      #x 系数的统计分析
    - - -
Signif. codes: 0 ' *** ' 0.001 ' ** ' 0.01 ' * ' 0.05 '.' 0.1 ' ' 1
Residual standard error: 60.95 on 10 degrees of freedom      #标准残差与自由度
Multiple R-squared:  0.955 3, Adjusted R-squared: 0.950 9  #多变量R²  与矫正R²
F-statistic: 213.8 on 1 and 10 DF,   p-value: 4.467e-08      #F 检验值和概率
```

注意星号表示显著程度,那么也说明系数的准确概率很高。这里我们也需要对另外一个参数 Multiple R-squared 进行解释,它的值是 0.955 3,表明原始数据的 y 值的误差可以被这个线性模型解释,且可以解释其中 95.53% 的误差值,随后又出现了另外一个保守的方差解释 Adjusted R-squared: 0.950 9,它是在实际使用中保守的估计数据误差可以被 95.09% 解释,这也说明 1-95.09%=4.91% 的数据可能是不太好解释的,直观地说就是这些 4.91% 的数据可能是异常的。

与此同时我们还可以直接查看拟合的曲线,并作图:

代码:

```
plot(x,y,type = "p")   #作出数据点
lines(x,fitted(fit))    #作出拟合曲线,注意这种调用方式
```

需要解释的是 fitted(fit)函数是用来提取 fitted.values,这个值是 x 数据对应的拟合数据 y 的值,我们可以从 fit 的 list 结果中看到:

▶ fitted.values   double [12]   2319 2449 2710 2536 3188 2797 ...

那么相应的出图:

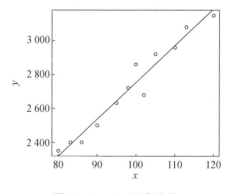

图 10-12 plot 拟合结果

第四节 R语言多项式回归

多项式回归是在线性回归的基础上发展而来的,例如我们认为数据图形明显具有一定的曲线,或者说我们认为它满足二次曲线,就可以使用二次多项式的方法来研究。

我们以下面的数据为例:

x	58	59	60	61	62	63	64	65	66	67	68	69	70	71	72
y	115	117	120	123	126	129	132	135	139	142	146	150	154	159	164

首先输入数据:

```
x <- c(58:72)
y <- c(115,117,120,123,126,129,132,135,139,142,146,150,154,159,164)
```

通过散点图我们认为散点图的连线可能是近似一个二次曲线的:

代码:

```
fit <- lm(y~x + I(x^2))    #进行二次曲线拟合
plot(x,y,type = "p")        #绘图
lines(x,fitted(fit))        #绘制拟合曲线
```

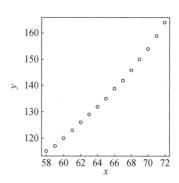

查询 fit 结果:fit

```
Call:
lm(formula = y ~ x + I(x^2))

Coefficients:
(Intercept)          x          I(x^2)
 261.878 18      -7.34832       0.08306
```

结果分析:从结果中我们可以认为该数据之间存在这样的关系:

$$y = -7.348\ 32x + 0.083\ 06\ x^2 + 261.878\ 18$$

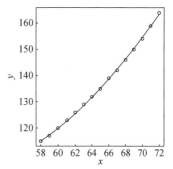

图 10-13 原始数据与拟合
预判修正结果

第十一章　统计绘图

第一节　SPSS 分析作图

一、实验目的

掌握常见统计图的绘制及其构造原理。

掌握常见统计图的 SPSS 操作方法。

能够运用常见统计图辅助解决本专业实际问题。

二、理论知识

统计图是根据统计资料所绘制图形,借助点、线、面和体表达统计资料的基本特征和变化趋势,其特点是简明生动、形象具体、通俗易懂,便于人们理解和记忆。

SPSS 制图功能很强,能够绘制很多种统计图形,这些图形既可以通过各种统计分析过程产生,也可以直接从"图形"菜单中的一系列图形选项直接产生,还可以通过"图表构建器"生成。

本实验通过介绍直方图、条形图、散点图等的绘制简要介绍常见 SPSS 制图。

三、实验内容

1. 采用图形菜单绘制第一章"100 尾小黄鱼的体长"数据的直方图。

2. 录入表 11-1 数据,采用"图表构建器"绘制直方图。

表 11-1　200 头奶牛血液镁离子含量　　　　　　　　单位:mg

2.5	2.0	1.8	2.1	2.4	2.4	2.2	2.3	1.4	1.8	2.2	2.1	2.0
2.9	1.9	2.1	2.0	2.9	2.0	1.8	1.8	1.4	2.0	1.8	1.8	1.7
1.7	1.7	2.2	2.0	1.9	1.9	1.6	2.6	2.3	2.7	2.4	2.6	2.4
2.1	2.7	2.1	2.1	2.2	2.0	2.3	2.3	2.2	2.3	2.6	2.2	2.1
3.3	2.5	2.3	2.9	2.3	1.6	1.8	1.6	2.8	2.7	2.5	2.6	2.0
2.4	2.4	2.3	2.3	2.2	2.0	2.1	2.7	2.1	1.8	3.0	2.5	1.6
2.2	2.6	2.3	2.5	2.3	2.3	2.4	2.4	2.2	1.5	3.2	1.8	2.1
2.3	2.2	2.1	1.9	1.7	1.7	2.0	1.7	1.9	1.5	1.9	2.2	2.1
2.3	2.5	2.2	2.7	2.5	1.9	1.6	1.5	2.3	1.8	1.9	1.4	1.5
1.1	1.8	1.4	2.2	2.6	3.0	3.1	1.8	2.1	2.0	1.9	2.8	2.1
2.8	3.0	2.8	1.6	1.9	3.1	1.6	1.9	1.4	2.4	1.9	2.1	2.6
2.4	1.9	2.8	2.2	2.5	2.0	2.1	1.3	2.0	1.3	2.0	2.3	1.8
2.2	2.8	2.0	2.7	2.9	2.5	2.3	2.2	2.0	2.3	1.7	2.1	2.1
2.2	2.3	1.9	2.1	2.3	2.2	2.6	2.4	2.6	1.6	1.0	2.4	2.5
1.9	2.5	2.3	2.6	1.9	2.1	2.0	2.1	1.1	2.1	2.3	2.1	2.0
1.2	1.6	2.1	2.2	3.0								

数据来源:谢庄,贾青.兽医统计学. 北京:高等教育出版社,2006. 第 2 章.

3. 录入如表 11-2 所示,采用"图表构建器"绘制单式和复式条形图。

表 11-2　某猪场猪发病情况

发病原因	甲场	乙场	丙场	丁场
黄白痢	351	130	238	120
肠炎	438	217	144	236
寄生虫病	524	262	253	177
水肿病	126	84	113	212

数据来源:谢庄,贾青.兽医统计学. 北京:高等教育出版社,2006. 第 2 章.

4. 利用表 11-2 中数据,绘制甲猪场发病情况饼图。

5. 在四川白鹅的生产性能研究中,得到如下一组关于雏鹅重(g)与 70 日龄重(g)的数据,录入下列数据,绘制 70 日龄重(Y)与雏鹅重(X)之间的散点图,添加拟合线。

表 11-3　四川白鹅雏鹅重与 70 日龄重测定结果　　　　　单位:g

编号	1	2	3	4	5	6	7	8	9	10	11	12
X	80	86	98	90	120	102	95	83	113	105	110	100
Y	2 350	2 400	2 720	2 500	3 150	2 680	2 630	2 400	3 080	2 920	2 960	2 860

数据来源:明道绪. 生物统计附试验设计(第三版). 北京:中国农业出版社,2002.第八章.

6. 录入下列数据,绘制带误差线的条形图。

如表 11-4 所示,为探讨法氏囊活性肽(BS)对鸡体增重的影响,将 20 只 21 日龄健康 SPF 鸡随机分成 4 组,每组 5 只;并把剂量为 0,0.2,0.4,0.8 ml 的法氏囊活性肽分别与 0.1 ml 的传染性法氏囊病(IBD)活疫苗混合,然后各对应一组鸡滴鼻点眼。测定 10 周后各组鸡的增重(kg)如表 11-4 所示,绘制不同 BS 处理鸡体增重的带误差线条。

表 11-4　不同剂量 BS 对鸡体增重的影响

组别	观测值(kg)				
①IBDV 活苗+0.0 ml BS	0.4	0.42	0.39	0.36	0.43
②IBDV 活苗+0.2 ml BS	0.42	0.44	0.45	0.43	0.48
③IBDV 活苗+0.4 ml BS	0.43	0.45	0.47	0.48	0.49
④IBDV 活苗+0.8 ml BS	0.35	0.32	0.36	0.39	0.37

数据来源:谢庄,贾青.兽医统计学. 北京:高等教育出版社,2006. 第五章.

四、实验步骤

1. 直方图

采用图形菜单绘制第一章"100 尾小黄鱼的体长"数据的直方图。

(1) 打开数据文件"100 尾小黄鱼数据.sav"。

(2) 执行"图形(G)→旧对话框(L)→直方图(I)"命令,打开"直方图"对话框,如图 11-1 所示。

(3) 在"直方图"对话框中,从左边源变量列表中选择"小黄鱼"移入右边的"变量"框中,如图 11-2 所示。

图 11-1　"直方图"对话框

图 11-2　"直方图"视图

　　(4) 点击"标题(T)"按钮,在"标题:第 1 行(L)"对话框中输入"100 尾小黄鱼直方图",如图 11-3 所示,点击"继续"按钮,返回图 11-2,按"确定"按钮,提交系统运行。得到 100 尾小黄鱼体长资料的直方图。

图 11-3 "标题"视图

2. 图表构建器绘制直方图

采用"图表构建器"绘制 200 头奶牛血液镁离子含量直方图。

(1) 建立数据文件"200 头奶牛血液镁离子含量直方图.sav",建立变量"奶牛血液镁离子含量",输入数据。

(2) 选择"图形"→"图表构建器(C)"菜单项,打开"图表构建器"对话框(图 11-5)。该界面实际上是一个多层选项卡界面,只是选项卡被压缩到了绘图画布区下方而已。图表构建器共提供 9 种绘图类型,包括:条形图、折线图、面积图、饼图/极坐标图、散点图/点图、直方图、高-低图、箱图和双轴图等。

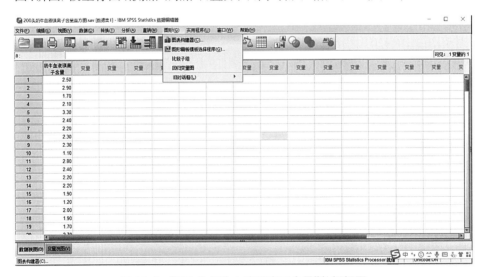

图 11-4 "200 头奶牛血液镁离子含量"数据视图

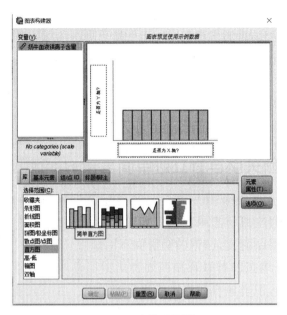

图 11-5 "图表构建器"视图 1

① "变量（V）"列表框：位于左上角，列出绘图中可用的所有变量，如果有多选题设定，则会显示在列表最后。采用拖放操作可以将选择的相应变量（或多选题变量集）拖入右侧的画布区域。

② 绘图画布：在界面中部占据大部分空间，类似于画家绘画时的空白画布。制图时就是在这张空白画布上进行拖放操作的，最终得到合适的图形。需要注意的是画布上有一些用虚线标出的放置区，变量只能被拖放入这些区域中。

根据绘制图形的种类不同，还会有分组放置区（如复式条形图或堆积条形图）、面板放置区和点标签放置区等出现。

③ 类别列表框：在"变量"列表框中选中分类变量时系统会自动列出所有的类别取值/标签。本例没有分类变量，显示"No categories"。

④ "库"选项卡：用于列出图库中的候选图形。图库中将图形按照基本特征分成了若干组，可在左侧"选择范围（C）"先选择图形组，然后在右侧列出的图标中选择所需的图形。本例左侧选择"直方图"，右侧选择第一个"简单直方图"。

⑤ "元素属性"对话框：该对话框既可在画布中选入变量后自动打开，也可使用界面右侧的"元素属性"按钮切换其显示和隐藏。该对话框可对图形元素的种类、统计量的设定、元素显示格式等进行详细设定，在最上方的"编辑属性"列表框中所选中的图形元素不同，则其下方所显示的选项也会有很大差异。

⑥"选项"按钮:用于对缺失值、图形模板等进行设定,一般使用较少。

(3) 在图库中选择"直方图"图组,将右侧出现的简单直方图图标拖入画布中。打开"元素属性"对话框,选中的"显示正态分布曲线"(图 11-6),点击"应用",返回"图表构建器"主对话框。

图 11-6 "元素属性"视图

(4) 将"奶牛血液镁含量"拖入右侧画布横轴框中,如图 11-7 所示。

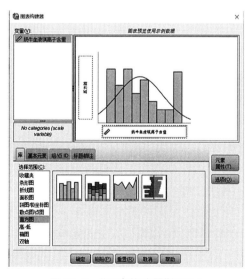

图 11-7 "图表构建器"视图 2

（5）单击"确定"按钮。

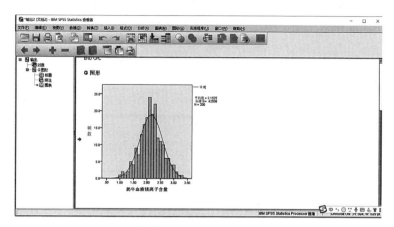

图 11-8　"奶牛血液镁离子含量"直方图结果

（6）双击结果文件中图 11-8 的图形进入"图表编辑器"窗口（图 11-9）。图表编辑器共有 6 个主菜单，分别为：文件（F）、编辑（E）、视图（V）、选项（O）、元素（M）、帮助（H）。另外，还有多种快捷按钮供用户选择。选中"编辑"中的"属性"，在"属性"对话框的"图表大小"选项卡中修改高度和宽度（430.5 和 538.75）（图 11-10），单击"应用"按钮。在"属性"对话框还有 "填充与边框""文本布局""文本样式""编号格式"等 8 个按钮可供选择和设置，设置完成后，单击"应用"按钮即可，读者可以根据自己需求进行个性化设置调整，此处不再赘述。

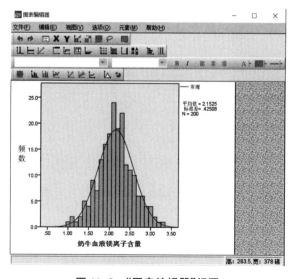

图 11-9　"图表编辑器"视图

图 11-10 "图表编辑器"的"属性"视图

（7）点击"图表编辑器"右上角"×"或点击文件(F)下拉菜单"关闭(C)"按钮，即可退出图表编辑，编辑修改好的图表会自动保存在输出结果文件中。

3. 采用"图表构建器"绘图

1）简单条形图

（1）打开数据文件"猪场数据条形图.sav"，建立变量"猪场""发病原因""发病数"输入数据。

（2）选择"图形"→"图表构建器"菜单项，打开"图表构建器"对话框，如图11-11 所示。

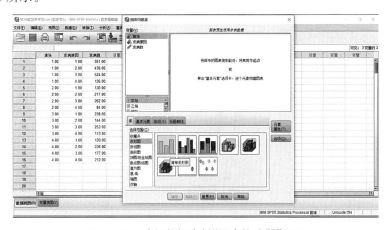

图 11-11 猪场数据资料"图表构建器"视图

（3）在图库中选择"条形图"图组，将右侧出现的简单条形图图标拖入画布中。

（4）将"发病原因"拖入横轴框中，如图 11-12 所示。

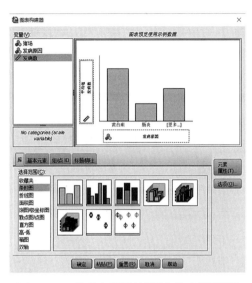

图 11-12 简单条形图的"图表构建器"视图

（5）将"发病数"拖入纵轴框中，在"元素属性"的"统计"下拉菜单中选择"平均值"，按"应用"按钮（图 11-13）。

图 11-13 "元素属性"视图

（6）返回图 11-12 "图表构建器"对话框，单击"确定"按钮，生成结果输出文件。

（7）双击输出文件中图形进入"图表编辑器"，双击条形图，在"属性"对话框中选择"条形图选项"，将宽度调整为 55，单击"应用"按钮（图 11-14）。

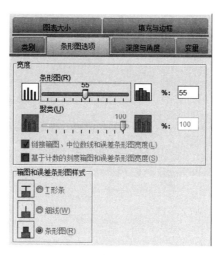

图 11-14　"条形图选项"视图

（8）点击"图表编辑器"右上角"×"或点击文件（F）下拉菜单"关闭（C）"按钮，退出图表编辑，编辑修改好的图表会自动保存在输出结果文件中。

2）复式条形图

（1）打开上述数据文件"猪场数据条形图.sav"。

（2）选择"图形"→"图表构建器"菜单项，打开"图表构建器"对话框。

（3）在图库中选择"条形图"组，将右侧出现的复式条形图图标拖入画布中。

（4）将"发病原因"拖入横轴框中。

（5）将"发病数"，拖入纵轴框中，将"猪场"拖入"X 轴上的聚类"框中（图 11-15）。

（6）单击"确定"按钮。

（7）双击图形进入"图表编辑器"，双击条形图，在"属性"对话框的"类别"选项卡的"顺序"列表框中选择"甲场"选项，点击右侧 ▼ 按钮一次，单击"应用"按钮（图 11-16）。

（8）点击"图表编辑器"右上角"×"或点击文件（F）下拉菜单"关闭（C）"，退出图表编辑，编辑修改好的图表会自动保存在输出结果文件中。

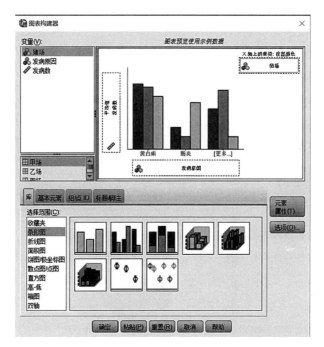

图 11-15　"图表构建器"中绘制复式条形图

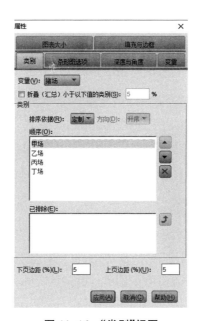

图 11-16　"类别"视图

4. 采用"图表构建器"绘制饼图

绘制甲猪场发病情况饼图。

（1）打开上述数据文件"猪场数据条形图.sav"。

（2）选择"图形"→"图表构建器"菜单项，打开"图表构建器"对话框。

（3）在图库中选择"饼图"组，将右侧出现的饼图图标拖入画布中。

（4）将"发病原因"拖入横轴框中。

（5）将"发病数"拖入纵轴框中，如图 11-17 所示。

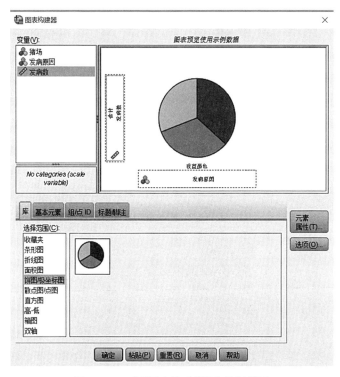

图 11-17　在"图表构建器"中绘制饼图

（6）单击"确定"按钮。

（7）双击输出结果文件中图形进入"图表编辑器"，在"元素"下拉菜单中，选择"显示数值标签"，在"属性"对话框的"数据值标签"选项卡中选择"显示数据标签（D）"，数据标签根据需要可在显示与不显示之间自由变换（图 11-18）。点击"关闭"按钮。

（8）点击"图表编辑器"右上角"×"或点击文件（F）下拉菜单"关闭（C）"按钮，退出图表编辑，编辑修改好的图表会自动保存在输出结果文件中。

图 11-18 "数据值标签"视图

5. 利用"图表构建器"绘制散点图

绘制四川白鹅雏鹅重和 70 日龄重散点图,添加拟合线。

(1) 打开并建立数据文件"四川白鹅体重数据散点图.sav",建立变量"X"(雏鹅重),变量"Y"(70 日龄重),输入数据。

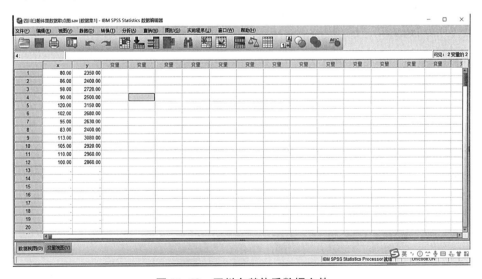

图 11-19 四川白鹅体重数据文件

（2）选择"图形"→"图表构建器"菜单项，打开"图表构建器"对话框。

（3）在图库中选择"散点图"图组，将右侧出现的简单散点图图标拖入画布中。

（4）将 X 拖入横轴框中，将 Y 拖入纵轴框中，如图 11-20 所示。

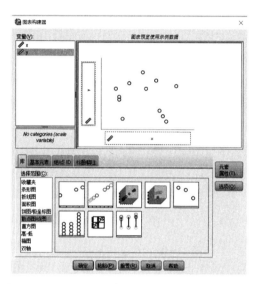

图 11-20　四川白鹅体重数据"图表构建器"视图

（5）单击"确定"按钮。

（6）双击输出结果文件中图形进入"图表编辑器"，在"元素"下拉菜单中，选择"总计拟合线"，在"属性"对话框的"拟合线"选项卡中将拟合线选中"线性"，置信区间选中"单值"，将 95 改成 99，单击"应用"按钮（图 11-21）。

图 11-21　"拟合线"视图

（8）点击“图表编辑器”右上角“×”或点击文件(F)下拉菜单“关闭(C)”按钮，退出图表编辑，编辑修改好的图表会自动保存在输出结果文件中。

6. 利用“图表构建器”绘制带误差线的条形图

在数据分析中，经常用带误差线的条形图来表示各类某指标均数的高低，同时给出其区间估计的范围。在具体绘图操作时，是在“元素属性”选项卡的“编辑属性”列表框中选择图形元素“条”，并在其下方选中“显示误差条形图”复选框，此时可以将误差线范围指定为确定比例的可信区间（默认为 95%，可根据需要修改），或者 2 倍标准差/标准误，此处倍数也可以修改。

（1）打开并建立数据文件“带误差线的条形图（法氏囊活性肽对鸡体增重）.sav”，建立变量“法氏囊活性肽”，变量“观测值”，并输入数据。

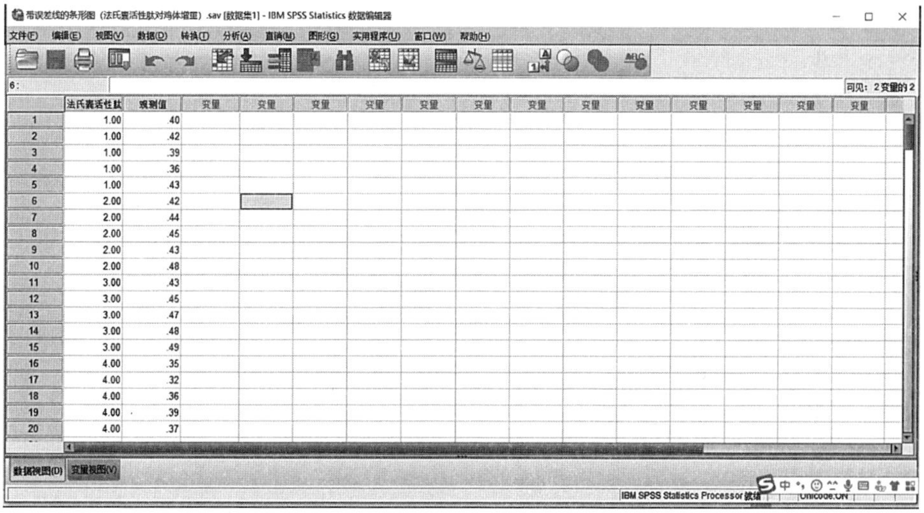

	法氏囊活性肽	观测值
1	1.00	.40
2	1.00	.42
3	1.00	.39
4	1.00	.36
5	1.00	.43
6	2.00	.42
7	2.00	.44
8	2.00	.45
9	2.00	.43
10	2.00	.48
11	3.00	.43
12	3.00	.45
13	3.00	.47
14	3.00	.48
15	3.00	.49
16	4.00	.35
17	4.00	.32
18	4.00	.36
19	4.00	.39
20	4.00	.37

图 11-22　法氏囊活性肽对鸡体增重影响的数据文件

（2）选择“图形”→“图表构建器”菜单项，打开“图表构建器”对话框。

（3）在图库中选择“条形图”图组，将右侧出现的简单散点图图标拖入画布中。

（4）将“法氏囊活性肽”拖入横轴框中，将“观测值”拖入纵轴框中。

（5）在“元素属性”对话框中选中“显示误差条形图(E)”，在“误差条形图表征”框中选中“标准误差”，乘数为 2（图 11-24）。单击“应用”按钮。

（6）在“图表构建器”对话框中单击“确定”按钮，生成结果输出。

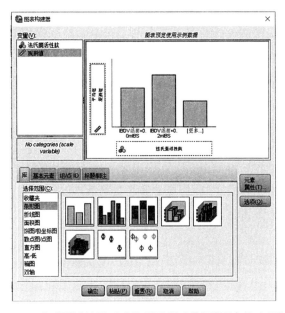

图 11-23　法氏囊活性肽对鸡体增重影响数据"图表构建器"视图

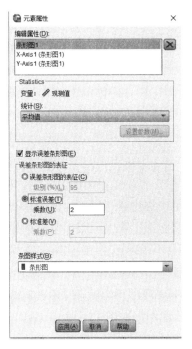

图 11-24　"元素属性"中设置误差条形图

五、实验结果与分析

各绘图结果如图 11-25 至图 11-31 所示。

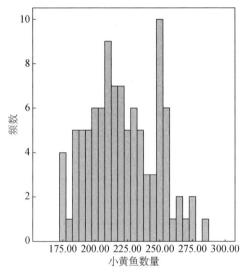

图 11-25 小黄鱼数据直方图

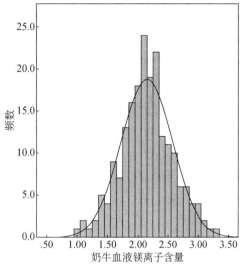

图 11-26 奶牛血液镁离子含量数据直方图

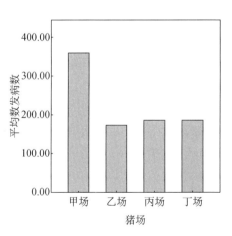

图 11-27 简单条形图

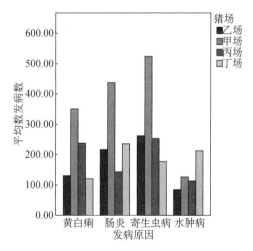

图 11-28 复式条形图

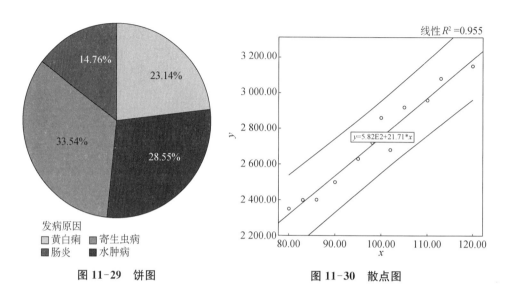

图 11-29　饼图　　　　　　　　　　　　图 11-30　散点图

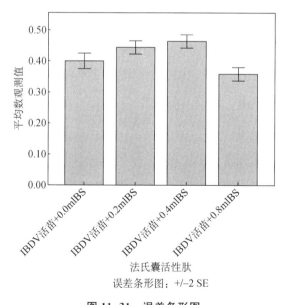

图 11-31　误差条形图

练习与作业

1. 张农Ⅰ系慢羽纯系鸡 200 枚蛋重资料如下表所示,试将其建立数据文件,绘制直方图,并显示正态曲线。

张农Ⅰ系慢羽纯系鸡 200 枚蛋重资料　　　　单位:g

52.6	58.3	48.4	55.5	53.4	57.0	58.6	53.7	52.6	54.7	57.9
49.5	54.3	49.6	54.2	48.9	54.2	55.5	49.9	61.4	47.2	50.1
47.5	56.2	57.7	50.1	47.2	52.4	51.9	50.2	54.4	52.1	61.2
50.7	54.1	57.5	54.9	61.0	51.6	54.5	49.7	53.7	53.4	61.7
58.6	46.2	53.2	55.8	55.0	54.5	56.2	53.1	51.4	56.7	53.8
51.0	56.1	56.0	55.9	57.7	52.6	47.8	57.7	54.5	51.9	53.9
53.7	51.9	53.8	50.7	45.3	50.7	51.1	52.9	51.7	53.2	51.1
48.9	49.1	59.0	56.5	48.4	51.8	53.2	50.8	50.3	55.3	53.5
56.3	53.2	56.1	50.3	55.6	53.2	60.6	57.1	50.7	52.1	58.6
55.1	54.1	59.2	52.6	51.2	51.2	47.5	60.4	51.2	57.0	53.4
57.3	55.2	52.9	55.1	55.6	51.1	57.0	53.4	53.1	57.0	52.6
45.6	48.7	57.5	50.1	53.0	48.2	53.8	54.9	48.7	50.1	56.8
53.7	54.6	47.9	50.9	53.7	62.1	57.8	54.8	58.8	56.8	51.2
54.9	56.8	52.9	50.6	57.6	52.9	55.2	50.5	50.7	49.2	52.9
55.3	51.4	51.9	53.8	55.6	53.4	57.8	52.5	52.3	57.5	53.9
49.8	56.8	57.2	49.4	57.5	52.8	51.5	55.2	50.5	56.2	59.6
52.8	56.2	55.7	52.4	51.3	47.9	53.9	48.0	54.9	53.9	54.1
60.5	45.7	52.0	53.9	47.6	54.1	57.0	58.1	48.5	53.0	47.3
52.9	49.2									

数据来源:徐继初. 生物统计及试验设计. 北京:中国农业出版社,1992.第 2 章

2. 200 头金华猪 2 月龄体重资料如下表所示,试将其建立数据文件,绘制直方图,并显示正态曲线。

200 头金华猪 2 月龄体重　　　　单位:kg

17.0	11.0	14.3	13.0	15.5	10.0	13.5	16.0	11.5	14.5
12.0	16.5	13.0	12.8	15.5	11.5	13.0	13.0	12.0	9.0
11.8	19.3	14.0	15.0	14.0	11.5	15.0	13.5	13.0	12.3

续表

14.8	15.5	13.0	15.0	17.5	9.0	13.5	14.5	13.0	9.5
10.3	14.0	17.5	12.0	14.5	12.5	11.5	12.8	15.0	18.0
13.5	14.3	14.5	8.5	15.3	17.5	10.5	12.5	9.0	13.0
10.5	12.5	15.5	8.9	12.5	17.5	14.5	13.0	13.5	11.0
17.9	13.0	13.5	16.5	15.3	15.0	13.5	14.5	9.0	10.5
19.0	12.5	13.0	14.5	12.5	13.0	12.5	16.5	13.0	12.5
9.5	12.0	10.0	12.0	11.0	12.5	11.0	11.5	10.0	12.5
9.3	12.0	11.5	11.0	11.5	10.5	11.5	12.0	9.5	16.5
11.3	11.5	8.8	11.5	9.5	13.0	12.5	13.0	12.5	14.5
11.0	11.5	14.5	14.0	12.5	12.5	11.5	13.0	9.0	13.5
13.3	10.0	12.5	17.5	11.5	10.0	10.0	11.0	11.5	9.0
16.6	15.0	15.8	16.8	13.5	12.5	9.0	10.5	15.0	14.0
16.3	15.5	12.3	11.0	14.0	13.0	17.0	12.0	17.0	11.5
16.5	12.0	11.5	13.5	11.5	16.0	9.0	11.0	15.0	11.5
11.0	17.0	14.5	15.0	11.0	18.8	12.0	13.5	14.0	11.5
15.0	12.0	15.5	15.0	11.3	17.0	16.0	12.0	15.5	11.8
12.5	9.8	10.0	14.5	12.5	12.0	10.5	13.0	16.0	11.8

数据来源:张勤. 生物统计学. 北京:中国农业大学出版社,2008.第2章

3. 70 头经产母猪窝产仔数资料如下表所示,将其建立数据文件,绘制简单条形图。

70 头经产母猪窝产仔数资料　　　　单位:头

7	8	11	14	10	12	11	10	10	7
10	12	11	10	10	11	9	12	8	10
12	10	10	11	8	10	8	10	11	13
10	9	11	12	10	12	9	9	11	10
11	11	13	11	14	13	10	11	13	11
13	10	10	9	11	11	8	9	9	11
10	7	10	13	12	12	13	10	11	9

数据来源:张勤. 生物统计学. 北京:中国农业大学出版社,2008.第2章

4. 几种动物性食品的营养成分如下表所示,将其建立数据文件,绘制简单条形图、复式条形图。

几种动物性食品的营养成分

品别	百分比（%）					
	蛋白质	脂肪	糖类	无机盐	水分	其他
牛奶	3.3	4.0	5.0	0.7	87.0	—
牛肉	19.2	9.2	—	1.0	62.1	8.5
鸡蛋	11.9	9.3	1.2	0.9	65.5	11.2
咸带鱼	15.5	3.7	1.8	10.0	29.0	40.0

数据来源:明道绪. 生物统计附试验设计(第 3 版). 北京:中国农业出版社,2002.第 2 章

5. 采用碘量法测定还原糖,用 0.05 mol/L 浓度硫代硫酸钠滴定标准葡萄糖溶液,记录耗用硫代硫酸钠体积数(ml),得到如下表所示数据,将其建立数据文件,绘制散点图,并添加拟合线。

硫代硫酸钠体积数与葡萄糖含量数据

硫代硫酸钠 x(ml)	0.9	2.4	3.5	4.7	6.0	7.4	9.2
葡萄糖 y(mg/ml)	2	4	6	8	10	12	14

数据来源:王钦德,杨坚. 食品试验设计与统计分析基础(第 2 版). 北京:中国农业大学出版社,2009. 第 6 章

6. 某水产研究所为了比较四种不同配合饲料对鱼的饲喂效果,选取了条件基本相同的鱼 20 尾,随机分成四组,投喂不同饲料,经一个月试验以后,各组鱼的增重结果列于下表中,将其建立数据文件,绘制带误差线条的条形图。

饲喂不同饲料的鱼的增重   单位:10 g

饲料	鱼的增重				
A1	31.9	27.9	31.8	28.4	35.9
A2	24.8	25.7	26.8	27.9	26.2
A3	22.1	23.6	27.3	24.9	25.8
A4	27.0	30.8	29.0	24.5	28.5

数据来源:明道绪. 生物统计附试验设计(第 3 版). 北京:中国农业出版社,2002.第 6 章

第二节 R 基本绘图

一、作图基本介绍

R 中的作图提供了很多基本的函数以供使用,当然也可以使用额外的作图包来作图,例如使用较为广泛的 ggplot2 作图包,当然在 R 给定的函数中有三点必须要注意:

(1) 对字符型数据进行排序时,是按照单词的 ASCII 码顺序排列的,有时会出现意想不到的情况,因此我们建议要么给出序号,要么使用整数作为坐标轴。

(2) 作图函数对数据的尺寸有要求,因此如果给的两个 x,y 长度不同或者不是一个类型有时是出不了图的。

(3) R 中可作图的函数很多,因此需要按照需求查询帮助文档来解决一些细微的修饰问题。

针对这三点我们会在下面的具体例子中给出一定的说明和解释。

下面我们给出 R 中提供的主要的作图函数,我们会对其中几个常用的图形做详细示例。

表 11-5 基本作图函数

plot(x,y)	x 与 y 的二元作图
sunflowerplot(x,y)	同上,但是以相似坐标的点作为花朵,其花瓣数目为点的个数
pie(x)	饼图
boxplot(x)	盒形图
stripchart(x)	把 x 的值画在一条线段上,在样本量较小时可替代盒形图
coplot(x~y|z)	关于 z 的每个数值(或数值区间)绘制 x 与 y 的二元图
matplot(x,y)	二元图,x 的第一列对应 y 的第一列,x 的第二列对应 y 的第二列……依次类推
dotchart(x)	如果 x 是数据框,作 Cleveland 点图(逐行逐列累加图)
fourfoldplot(x)	用四个四分之一圆显示 2×2 列联表情况(x 规定是 2×2 的数组)

assocplot(x)	Cohen-Friendly 图,即显示在二维列联表中行、列变量偏离独立性的程度
mosaicplot(x)	列联表的对数线性回归残差的马赛克图
pairs(x)	假如 x 是矩阵或数据框,作 x 的各列之间的二元图
plot.ts(x)	假如 x 是类"ts"的对象,作 x 的时间序列曲线,x 可以是多元的,但是序列必须具有相同的频率和时间
ts.plot(x)	同上,如果 x 是多元的,序列可具有不同的时间但须具有相同的频率
hist(x)	x 的频率直方图
barplot(x)	x 值的条形图
qqnorm(x)	正态分位数-分位数图
qqplot(x, y)	y 对 x 的分位数-分位数图
contour(x, y, z)	等高线图,x 和 y 必须是向量,z 必须是矩阵,注意 z 必须是 $x \times y$ 大小的矩阵
image(x, y, z)	同上,但是实际数据大小可用不同色彩表示
persp(x, y, z)	同上,但为透视图
stars(x)	如果 x 是矩阵或者数据框,则用星形和线段画出
symbols(x, y,...)	在由 x 和 y 给定坐标画符号(圆、矩形、星或者盒形图)
termplot(mod.obj)	回归模型的(偏)影响图

此外 R 中也提供了一些低级的绘图函数,这些函数通常在上面常用作图函数出图后在原图形中添加修改一些线条或者添加一些示例。

表 11-6 作图添加修改函数

points(x,y)	添加点
lines(x,y)	添加线
text(x,y,labels,...)	在 (x,y) 处添加用 labels 指定的文字
mtext(text, side = 3, line=0,...)	在边空添加:用 text 指定的文字;用 side 指定添加到哪一条边;用 line 指定添加的文字距离绘图区域的行数
segments(x0, y0, x1, y1)	画线段,从 (x_0, y_0) 各点到 (x_1, y_1) 各点

points(x,y)	添加点
arrows (x0, y0, x1, y1, angle=30,code=2)	同上,但需加画箭头,如若 code=2 则在各 (x_0,y_0) 处画箭头,如若 code=1 则在各 (x_1,y_1) 处画箭头,如若 code=3 则在两端都画箭头;angle 控制箭头轴到箭头边的角度
abline(a,b)	绘制截距为 a、斜率为 b 的直线
abline(h=y)	在纵坐标 y 处画水平线
abline(v=x)	在横坐标 x 处画垂直线
abline(lm.obj)	画由 lm.obj 确定的回归线
rect(x1,y1,x2,y2)	绘制左下角为 (x_1,y_1) 右上角为 (x_2,y_2) 为的长方形
polygon(x,y)	绘制连接各 x,y 坐标确定的点的多边形
legend(x,y,legend)	在点 (x,y) 处添加图例,图例说明内容由 legend 给定
title()	添加标题,还可以添加一个副标题
axis(side,vect)	画坐标轴。当 side=1 时,画在下边;当 side=2 时,画在左边;当 side=3 时,画在上边;当 side=4 时,画在右边。可选参数 at 指定画刻度线的坐标位置
box()	在当前的图上加边框
rug(x)	用短线在 x 轴上画出 x 数据的位置
locator(n,type="n",...)	用户用鼠标在图上点击 n 次后返回 n 次点击的坐标$(x;y)$,并可在点击处绘制符号(type="p"时)或连线(type="l"时),缺省情况下不画符号或连线

初学者一般会对这样的 R 函数形式感到头疼,但是我们会在下面的例子中尽量使用查询表格的方式来学习如何使用 R 作图,我们用 plot 函数做详细解释,其余的函数也基本和 plot 一样。

二、plot 作图

在 R 中使用频率最高的就是 plot 函数,它是由诸如 Matlab 仿制而来的,如果你对 Matlab 很熟悉,那么你会很容易明白。

函数调用格式为:

```
plot(x, y, ...)    ♯ x 为横坐标序列[x-轴],y 为纵坐标序列[y-轴],...为可选参数
```

其中可选参数中需要特别列出的为：

```
xlim = c(xmin, xmax)，ylim = c(ymin, ymax)
#其中 xlim 表示 x 轴的最大最小范围,ylim 表示 y 轴的最大最小范围
```

需要特别注意的是,plot 函数中如果要画多条线,那么只能通过添加修改的方式进行。

1. 数据格式

plot 函数中的 x,y 必须是大小相同且位置对应的数据,例如我们有下面的数据：

月份	1	2	3	4	5	6	7	8	9	10	11	12	x
树1高	22	25	33	45	68	90	102	114	120	134	142	150	y_1

要点 1：我们把这样的月份和树高的数据长度一样的数据称为有效作图数据,请注意我们的月份表示并没有使用字符表示,通常我们理解的月份会作为 x 轴数据,因而是整数,但是如果月份是用字符表示的,也就是两种表示形式：

```
x1 <- c("1","2","3","4","5","6","7","8","9","10","11","12")    #字符类型月份

x <- 1:12    #整数类型月份
```

树高数据可以输入为：

```
y1 <- c(22,25,33,45,68,90,102,114,120,134,142,150)    #树高1,整型数据
```

字符类型的月份在作图时通常会出现问题,plot 程序通常会将支付类型的月份按照这样的方式排序：

月份	"1"	"10"	"11"	"12"	"2"	"3"	"4"	"5"	"6"	"7"	"8"	"9"	x
树1高	22	134	142	150	25	33	45	68	90	102	114	120	y_1

显然我们能看出来字符类型的数据在排序时是按照第一个字符进行比较,然后再按照第二个字符进行比较,如果用这个数据作图很容易出错。

要点 2：对于缺失值(通常是由于没有测到,或者比如这棵树已经枯死了,再如被火烧了,因而无法测量),我们统一使用 NA 来替代。

要点 3：x,y 必须长度相同或两者所含的数据个数一样。

要点 4：不满足上述格式的可以利用数据集修改将格式处理成上面的格式。

2. 流程式 R 作图

我们将直接使用 plot 进行作图,它的数据我们分别用两个图给出：

情形 1：直接出图

月份	1	2	3	4	5	6	7	8	9	10	11	12	x
树 1 高	22	25	33	45	68	90	102	114	120	134	142	150	y_1

数据输入代码:

```
x <- 1:12    #整数类型月份
y1 <- c(22,25,33,45,68,90,102,114,120,134,142,150)    #树高1,整型数据
```

作图代码:

```
plot(x,y1)
```

出图(Rstudio 右侧的 Plots 会直接显示出来):

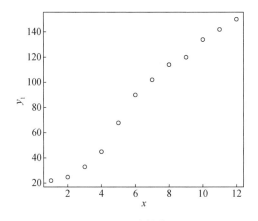

图 11-32　直接作图

我们发现这个图(做出来的直接是散点图,且是空心圆的,如果我们想改变空心圆为其他样子,那么可以使用 plot 中的一个参数 pch 来修改,R 中提供了 20 多种点的形状,如图 11-33 所示。(需要注意的是从 15 开始的 pch 是可以进行填充颜色的。)

```
1  2  3  4  5  6  7  8  9  10 11 12 13
○  △  +  ×  ◇  ▽  ⊠  *  ⊕  ⊕  ⊠  ⊞  ⊠
14 15 16 17 18 19 20 21 22 23 24 25
⊠  ■  ●  ▲  ◆  ●  ●  ○  □  ◇  △  ▽
```

图 11-33　pch 样式

例如我们想将上面的点由默认的 pch=1 改为实心方块,那么代码和效果图如下:

作图代码:

```
plot(x,y1,pch=15)
```

出图：

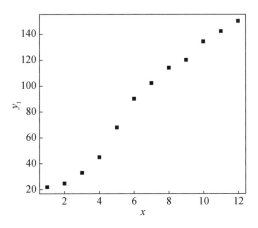

图 11-34　实点改变

情形 2：出图方式

出图方式是指如果我们想画点，同时又想把这些点连上，plot 提供了 9 种方式，同样以参数的形式出现，如表 11-7 所示。

表 11-7　plot 作图类型

"p"	只画点
"l"	只画线
"b"	既画点，也画线，注意点会当覆盖线
"c"	只画出"b"方式下去除点的线的部分
"o"	"b"模式下点和线是重叠显示的
"h"	作每个点坐标向下的直线，类似于柱状图
"s"	先横向作线的楼梯图
"S"	第一步先向上的楼梯图
"n"	不出图，只出坐标

例如我们想得到连接的图中的点，或者我们想做出一个楼梯图，我们分别给出代码：

左图代码：

```
plot(x,y1,type = "b")    ♯画出点线图
```

231

右图代码：

```
plot(x,y1,type = "s")   ♯先横向作线的楼梯图
```

出图：

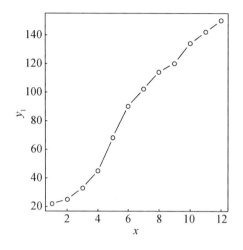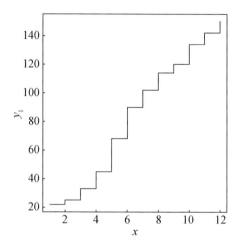

图 11-35　不同图的 plot 作图类型

情形 3：直线类型

通常为了区分不同数据，我们会对直线的类型做出修改，plot 默认的是实线画线，它也提供了其他几种方式（通过 lty 来实现）。

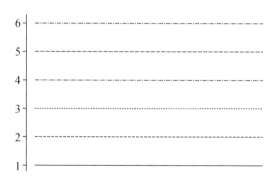

图 11-36　直线类型

例如我们要用虚线表示，那么改实线为虚线代码：

```
plot(x,y1,type = "b",lty = 2) ♯画出点线图,线为虚线
```

出图：

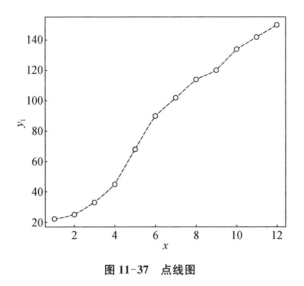

图 11-37 点线图

情形 4:修改坐标轴名称与添加图标题

数据输入时采用的是 x,y_1,但是在图中也直接以变量名出现,这样的形式并不符合我们对图形坐标轴的直观印象,因为我们并不知道 x 轴和 y 轴分别代表什么意思,同时也不知道这幅图想要表明什么,此时我们就需要添加轴名称和图标题。

plot 中提供了简便的方式进行,分别是这样几个参数(注意,目前对于中文支持不太好,因此我们建议使用英文输入标题和坐标轴名称):

main = "标题名称"

xlab = "x 轴的标题名称"

ylab = "y 轴的标题名称"

我们分别给出实际效果,左侧修改图标题,右侧修改 x,y 轴坐标的标题名称。

代码:

左侧 plot(x,y1,type = "b", main = "This is a Pic")

右侧 plot(x,y1,type = "s",xlab = "Month",ylab = "Tree Height:cm")

出图:

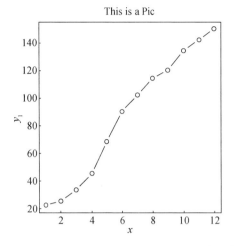 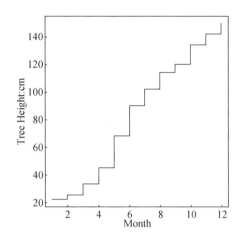

图 11-38　添加图标题和修改坐标轴名称

情形 5：强调某一个点的并添加文字

有时候我们需要突出显示图中的某一个点，并在其旁边显示一行文字或者数字，这时就需要使用修改添加函数来进行处理了：

text(x, y, labels, pos = NULL, cex = 1,...)	在 (x, y) 处添加用 labels 指定的文字； pos =　NULL, 1, 2, 3, 4 (x, y) 位置的：当前，下，左，上，右 cex = 1：标准文字尺寸放大倍数为 1

例如我们先强调第 6 个月的数值，那么我们可以首先查询 6 月的数值或者更简单地使用下标访问序列。我们给出两种方式：

代码：

左图

```
plot(x,y1,type = "b",xlab = "Month",ylab = "Tree Height:cm")　#作左图
text(6,90,"Height 90cm",pos = 4)
#在左图中坐标(6,90)位置的 4 号位置(右侧)添加文字
```

右图

```
plot(x,y1,type = "b",xlab = "Month",ylab = "Tree Height:cm")　#作右图
text(x[6],y1[6],y1[6],pos = 2,cex = 2)
#在右图 6 号位置添加文字 y1[6]的内容,位于 2 号位置(左侧),字体放大 2 倍
```

出图：

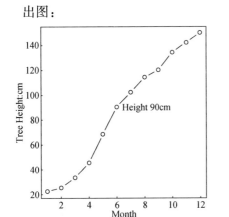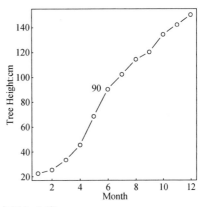

图 11-39　指定点添加文字

情形 6：同图多线

在很多实际使用场景中，我们通常需要对下面的数据进行出图：(单位：cm)

月份	1	2	3	4	5	6	7	8	9	10	11	12	x
树1高	22	25	33	45	68	90	102	114	120	134	142	150	y_1
树2高	14	20	27	35	46	71	85	98	NA	125	134	145	y_2
树3高	30	34	45	55	60	78	89	100	116	126	132	140	y_3

首先我们对数据进行简单输入：

数据代码：

```
x <- 1:12    #整数类型月份
y1 <- c(22,25,33,45,68,90,102,114,120,134,142,150)    #树高1,整型数据
y2 <- c(14,20,27,35,46,71,85,98,NA,125,134,145)    #树高2,整型数据
y3 <- c(30,34,45,55,60,78,89,100,116,126,132,140)    #树高3,整型数据
```

出图代码：

由于 plot 每次只能画出一条，此时我们并不知道点划线是不是会画到作图区域外面，因此我们需要限定 plot 的 x,y 轴的上下限，避免作图溢出。

第一步：先画出第一条线 y_1，由于 x 轴范围确定是 1~12，所以只要限定 y 轴即可，y 上限就填写比三棵树的最大值还大一点的值：

```
plot(x,y1,type = "b", ylim = c(0,160))
#限定 y 轴为 0~160,160 是由最大值 150 上调计算得到的
```

此时出图为左图，我们再修改这个图，添加另外两条线(使用方法和 plot 相似)：

```
lines(x,y2,type = "b")    #画出第二棵树
lines(x,y3,type = "b")    #画出第三棵树
```

此时出图为右图。

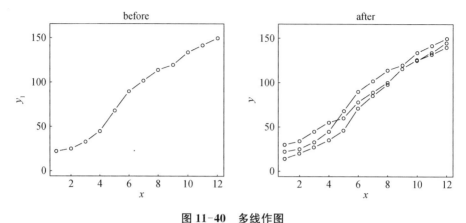

图 11-40　多线作图

情形 7:修改线色与添加图例

上面的多线图我们发现它的每条线都是一样的,且颜色均为黑色,而且我们无法分辨哪条是第一棵树的,最简单的方法是利用上面的直线类型或者修改点的类型进行修改,当然我们这里也提供了另外两种方法:

改变颜色:改变颜色直接添加 col =,通常使用的颜色有

red,white,black,gray,blue,yellow,cyan,green …

#红,白,黑,灰,蓝,黄,青,绿 …

#你可以尝试你认识的英文颜色的单词

代码为:

```
plot(x,y1,type = "b", ylim = c(0,160))
lines(x,y2,type = "b", col = "red")#画出第二棵树
lines(x,y3,type = "b", col = "blue") #画出第三棵树
```

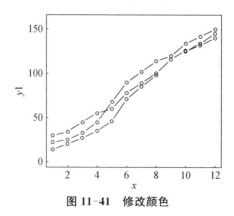

图 11-41　修改颜色

添加图例：

有时添加图例会让人更容易理解，尤其当你的材料只能被黑白打印时。首先对于图例函数我们需要介绍一下它的一些参数（其余参数可以参看 R 手册）：

```
legend(x, y, legend,    col,    lty,    lwd,    pch,    cex,    title)
```
＃图例位置(x,y)坐标,图例名字,颜色序列,线型序列,线宽序列,点类型,图例放大比例,图例标题

图例坐标很容易理解，坐标还提供了默认的几种方式来直接替代 x，y，：

```
bottomright,bottom,bottomleft,left,topleft,top,topright,right,center
```
＃右下,   底部,   左下,   左,   左上,   顶,   右上,   右侧,中心

为了理解这些参数，我们首先给出修改前的图（左图），标明点类型、线型和颜色的多线段图。

左图，添加图例前代码：

```
＃注意下面对应的颜色、线型和点类型
plot(x,y1,type = "b",col = "black",lty = 1,pch = 1,ylim = c(0,160))  ＃第一棵树
lines(x,y2,type = "b",col = "red", lty = 2,pch = 8)  ＃画出第二棵树
lines(x,y3,type = "b",col = "blue",lty = 4,pch = 16)   ＃画出第三棵树
```

右图：添加图例后代码：

```
plot(x,y1,type = "b",col = "black",lty = 1,pch = 1,ylim = c(0,160)  )＃第一棵树
lines(x,y2,type = "b",col = "red", lty = 2,pch = 8)   ＃画出第二棵树
lines(x,y3,type = "b",col = "blue",lty = 4,pch = 16)   ＃画出第三棵树
legend("topleft",                          ＃位置为左上
       legend = c("Tree1","Tree2","Tree3"),   ＃对应三棵树的图例的标题
       col = c("black","red","blue"),        ＃对应三条线的颜色
       lty = c(1,2,4),                       ＃对应三条线的线型
       pch = c(1,8,16),                      ＃对应三条线上点的类型
       title = "Legend Show"                 ＃图例的大标题
       )
```

出图效果：

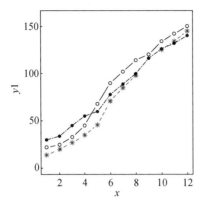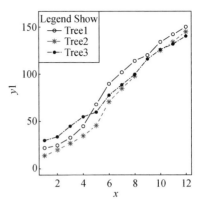

图 11-42 添加图例

3. 保存图片

R 为保存图片提供了简便的方法,通常为了便于出版,我们只推荐 3 种保存方式,保存的方式也很简单,就是在画图代码之前和之后加上一些代码,保存格式有 3 种:

jpeg:压缩格式的彩色图片,适用于网络传播。

svg:标准矢量图,放大缩小不会有马赛克,通常用于出版。

pdf:便携式文档格式,也是一种常用矢量格式。

例如我们想保存有图例的图,那么对应的代码为:

```
svg("c:/1.svg",width = 6,height = 3.5,pointsize = 8)#创建 svg 格式的画布
#    保存路径   宽度英寸,高度英寸,    每一个点的基本大小
#画图区域
plot(x,y1,type = "b",col = "black",lty = 1,pch = 1,ylim = c(0,160))
#第一棵树
lines(x,y2,type = "b",col = "red", lty = 2,pch = 8)#画出第二棵树
lines(x,y3,type = "b",col = "blue",lty = 4,pch = 16)#画出第三棵树
legend("topleft",legend = c("Tree1","Tree2","Tree3"),
       col = c("black","red","blue"),
       lty = c(1,2,4),
       pch = c(1,8,16),
       title = "Legend Show"
)#画图结束
dev.off() #保存文件
```

代码中主要的是添加了：

```
svg(...) #创建svg格式的画布
   ...
dev.off() #保存文件
```

三、条状图

1. 单变量直方图 Hist

直方图有着较为简单的作图方式，很多参数可以照搬 plot，它的调用格式与 plot 的差别之处在于它提供了一些额外的辅助功能，其调用格式为：

```
hist(
   x,                    #一维序列数据,注意只能是数值
   breaks,               #需要将数据分成多少组进行显示
   freq,                 #默认 TRUE 表示显示次数,FALSE 表示显示概率
   col,                  #直方图的颜色
   main,                 #标题
   xlim, ylim,           #x,y 轴的上下限
   xlab, ylab,           #x,y 轴的文字
   labels,               #是否在柱的顶端显示值,或者显示自定义的序列文字
   ...)
```

我们直接举例来说明：

例 11-1　请做出 200 头奶牛血液镁离子含量的统计直方图，并给出正态分布拟合。

表 11-7　200 头奶牛血液镁离子含量　　　　单位：mg/100 mL

2.5	2.9	1.7	2.1	3.3	2.4	2.2	2.3	2.3	1.1	1.5	1.8	1.9	1.3	2.2	2.4	2.1	2.1	1.4	1.4
2.2	2.2	1.9	1.2	2.0	1.9	1.7	2.7	2.5	2.4	2.8	2.1	2.2	1.9	2.3	2.1	1.4	2.0	2.0	2.6
2.5	1.8	3.0	1.9	2.8	2.3	2.5	1.6	1.8	2.1	1.8	2.0	2.7	2.3	2.7	1.8	1.5	1.5	1.8	2.0
2.3	2.3	2.3	2.1	2.2	1.4	2.8	2.0	1.9	2.3	1.6	2.1	2.0	2.2	2.5	1.9	1.7	1.8	2.5
2.1	2.0	2.0	2.1	2.9	2.3	2.5	1.9	2.7	2.2	2.0	1.5	1.8	3.0	1.9	1.0	2.6	1.8	2.1	1.7
2.7	2.1	2.6	2.2	2.4	2.9	1.9	2.2	2.3	2.2	2.4	3.2	1.9	2.3	2.2	2.2	2.3	2.4	2.1	2.6
2.5	2.6	1.9	2.5	2.9	1.9	3.0	2.4	2.0	2.6	1.4	2.1	2.1	1.8	2.3	2.1
1.6	2.0	2.3	1.7	1.9	3.0	3.1	2.0	2.2	2.8	2.4	1.6	2.1	1.6	2.2	2.4	1.3	1.1	2.5
2.2	1.8	1.6	2.3	1.8	2.1	2.4	2.0	1.6	3.1	2.6	2.2	2.4	1.7	2.3	1.7	2.8	2.0	2.1	2.4
2.3	2.6	2.0	2.1	2.3	1.8	2.6	2.3	1.6	2.7	2.2	2.1	2.3	2.2	1.9	2.0	1.6	2.1	2.6	1.9

数据来源：谢庄,贾青.兽医统计学. 北京：高等教育出版社,2006. 第2章.

—— 239 ——

分析:对于大量数据,我们使用文本数据导入的方式处理。我们将数据存储到文本,然后导入处理,处理方式同前面的例子相同,最后直接将一维数据在直方图中显示出来。

数据格式:直方图使用的是一个变量的数据,因此只要是序列即可,由于本题是大量数据,我们首先将数据输入到文本 data6.txt 中。

```
data6.txt
2.5 2.9 1.7 2.1 3.3 2.4 2.2 2.3 2.3 1.1 1.5 1.8 1.9 1.3 2.2 2.4 2.1 2.1 1.4 1.4
2.2 2.2 1.9 1.2 2.0 1.9 1.7 2.7 2.5 2.4 2.8 2.1 2.2 1.9 2.3 2.1 1.4 2.0 2.0 2.6
2.5 1.8 3.0 1.9 2.8 2.3 2.5 1.6 1.8 2.1 1.8 2.0 2.7 2.3 2.7 1.8 1.5 1.5 1.8 2.0
2.3 2.3 2.3 2.1 2.2 1.4 2.8 2.8 2.0 1.9 2.3 1.6 2.1 2.0 2.2 2.5 1.9 1.7 1.8 2.5
2.1 2.0 2.0 2.1 2.9 2.3 2.5 1.9 2.7 2.2 2.0 1.5 1.8 3.0 1.9 1.0 2.6 1.8 2.1 1.7
2.7 2.1 2.6 2.2 2.4 2.9 2.2 2.3 2.2 2.4 3.2 1.9 2.3 2.2 2.2 2.3 2.4 2.1 2.6
2.5 2.6 1.9 2.5 2.9 2.3 1.9 3.0 2.4 2.0 2.0 2.1 2.6 1.4 2.1 2.1 1.8 2.3 2.1
1.6 2.0 2.3 1.7 1.9 3.0 3.1 2.0 2.5 2.2 2.8 2.4 1.6 2.1 1.6 2.2 2.4 1.3 1.1 2.5
2.2 1.8 1.6 2.3 1.8 2.1 2.4 2.0 1.6 3.1 2.6 2.2 2.4 1.7 2.3 1.7 2.8 2.0 2.1 2.4
2.3 2.6 2.0 2.1 2.3 1.8 2.6 2.3 1.6 2.7 2.2 2.1 2.3 2.2 1.9 2.0 1.6 2.1 2.6 1.9
```

图 11-43   原始数据输入到文本文件

导入后显然是 10×20 的矩阵,和前面例子一样,需要将它转化为直方图能用的一维序列,那么:

data <- unlist(data6) #将数据转化为一维数据,并存储到 data 中

直方图作图,代码:

hist(data, breaks = 25, col = "red", main = "HistPic",

xlab = "Values", ylab = "Count")

#划分为 25 个区间进行作图,颜色为红色,标题为 HistPic,x 轴标记为 Values,y 轴标记为 Count

效果如左图:我们发现左图的 x, y 范围并不准确,而且我们想验证该数据是不是符合正态分布,那么我们可以在左图作图的基础上添加密度线。

作图修改后具体的代码如下(出图为右图):

hist(data, breaks = 25, col = "red",

  xlab = "Values", ylab = "Count",xlim = c(0.5,3.5),ylim = c(0,25))

#限制 x 轴从 0.5 到 3.5,y 轴范围限制为 0 到 25

x <- seq(0.5,3.5,length = 50) #从 0.5 到 3.5 之间生成 50 个连续且间距相等的数

y <- dnorm(x,mean = mean(data),sd = sd(data))

#利用 data 的均值和方差和给定的坐标 x 生成正态分布的 y 值

#由于由 x 生成的 y 是分布概率,而我们图中显示的是每个区间的次数,

#我们需要按可以观察的最高次乘以这个概率 y,然后再覆盖 y

```
y <- y * 23          #将频率放大为频次,23 是估计的,当然也可以用 25
lines(x,y,col = "blue",lwd = 2) #作蓝色线,宽度为 2 倍
```

修改出图效果如右图:

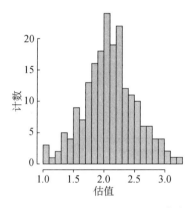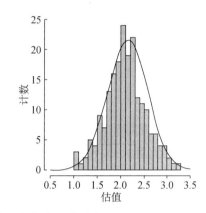

图 11-44　直方图与添加标准正态分布

2. 多变量直方图 Bar

多变量直方图,又称为条形图,条形图中通常是需要给出数据的频数表,因此有时单变量数据只要给定了划分区域,并按照划分区域给出频数表后就可以作出条形图。

条形图的调用函数为:

```
barplot(height,         #一维频数或向量、一个矩阵类型(通常为二维频数表)的数据
    width = 1,          #条型的宽度倍数,可以是缩小的小数或放大的非小数
    space = NULL,       #柱与柱之间的空隙宽度
    legend.text = NULL, #图例序列
    beside = FALSE,     #FALSE 表示是堆叠图,TURE 是并列柱状图
    col = NULL,         #颜色序列
    ...                 #其余参数
    )
```

例 11-2 某猪场猪发病情况的频数表,做出柱状图以及均值条形图。

表 11-8 某猪场猪发病情况的频数表

发病原因 Cause	甲场 $P1$	乙场 $P2$	丙场 $P3$	丁场 $P4$
A 黄白痢	351	130	238	120
B 肠炎	438	217	144	236
C 寄生虫病	524	262	253	177
D 水肿病	126	84	113	212

数据来源:谢庄,贾青.兽医统计学. 北京:高等教育出版社,2006. 第 2 章

分析:本例给出的直接就是频数表,因此我们只需要将它输入到程序中就可以满足条形图的数据格式。

数据输入:将数据输入到 data7.text,并导入到 Rstudio 中。

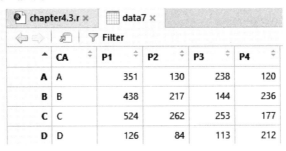

我们发现第一列只是变量组,不是数值,因此 data7 不能称为实际上的频数表,因此需要将第一列转为行名,并去掉第一列 CA。同时我们导入数据时是按照数据框导入的,但是 barplot 的输入必须是向量或者矩阵,那么最后还需要将它转化为矩阵。

```
rownames(data7) <- data7[,1]    #将 data7 的行名修改成 data7 的第一列
#rownames(data7) 为 data7 的行名序列
#data7[行,列],如果行不填,那么表示所有的行
```

修改后的样式变为:

	CA	P1	P2	P3	P4
A	A	351	130	238	120
B	B	438	217	144	236
C	C	524	262	253	177
D	D	126	84	113	212

此时我们去掉第一列:

```
data7 <- data7[,2:5] #将 data7 中的 2 到 5 列取出,并重新覆盖到 data7 中
```

	P1	P2	P3	P4
A	351	130	238	120
B	438	217	144	236
C	524	262	253	177
D	126	84	113	212

此时如果作图,它会提示错误:

Error in barplot.default(data7) : 'height'要么是向量,要么是矩阵

这是因为我们的数据还是数据框形式,既不是向量也不是矩阵,好在 R 提供了很简单的转换方法:

data <- as.matrix(data7) #将 data7 由数据框转换为矩阵并存储到 data 中

此时就可以作图了。

我们给出两段代码,分别代表左右两图:

作图代码:

左图:

```
barplot(data,
        legend.text = c("A","B","C","D"),     #图例按行的序列
        col = c("red","blue","cyan","black")  #颜色序列
        )
```

右图:

```
barplot(data,
        beside = TRUE,   #并排柱状图
        legend.text = rownames(data),    #图例按行的序列,使用行名代替直接输入
        col = c("red","blue","cyan","black")  #颜色序列
        )
```

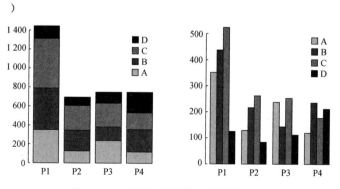

图 11-45　条形直方图的两种堆叠方式

对于均值直方图我们只需要稍做修改就可以出图。均值直方图是指数据的行的均值,或者列的均值,然后对各行均值或各列均值进行作图。

数据修改:我们首先要将数据修改成均值形式,R 中提供了按行或按列计算均值的方式:

```
rowMeandata <- rowMeans(data)    #按行计算均值
colMeandata <- colMeans(data)    #按列计算均值
```

我们查看结果会发现:

```
rowMeandata    #行数据
  A             B             C             D
209.75        258.75        304.00        133.75

colMeandata    #列数据
  P1            P2            P3            P4
359.75        173.25        187.00        186.25
```

此时就可以直接出均值直方图了。

左图代码:

```
barplot(rowMeandata,beside = TRUE,)
```

右图代码:

```
barplot(colMeandata,beside = TRUE,
legend.text = c("P1","P2","P3","P4"))
```

出图:

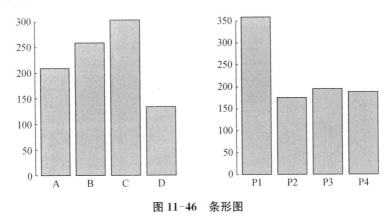

图 11-46　条形图

四、饼图

饼图和直方图及条形图的使用方法是一样的。

数据格式同条形图。

调用格式：

```
barplot(height,              #一维频数或向量
legend.text = NULL,          #图例序列
beside = FALSE,              #FALSE 表示是堆叠图,TURE 表示是并列柱状图
col = NULL,                  #颜色序列
... )                        #其余参数
```

左图代码：

```
pie(colMeandata)            #直接出图
```

右图代码：

```
pie(colMeandata,labels = colMeandata)    #标明数据结果
#注意,pie 函数中并没有提供图例,但是可以使用 legend 函数来添加
```

出图：

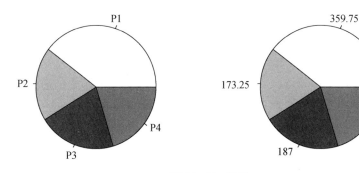

图 11-47　饼图

五、箱图

箱图是一个对数据有总体分析的图形,我们通常需要对箱图的一些基本结构做了解:

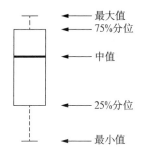

调用函数两种格式：

boxplot(x,...)   #针对标明列的数据,注意不能是数据框形式

boxplot(y~x1,...)   #针对分组数据,可以是数据框形式,但是对应的列应该是数值或因子类型

第一种调用：

例如我们直接对例 11-2 的数据直接调用：

代码 boxplot(data)   #对例 11-2 中的数据进行出图

出图：

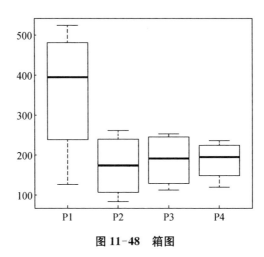

图 11-48 箱图

第二种调用:这种调用方式主要是对以下这样的数据采用的。

N 编号	M 方法	R 结果
1	A	19.0
2	A	27.5
3	A	32.3
4	A	12.9
5	B	32.5
6	B	34.7
7	B	29.0
8	B	21.3

数据输入:将数据输入到变量中,注意不需要输入序号。

代码:

```
M <- c(rep('A',4),rep('B',4))   #利用重复序列生成字符序列 "A,A,A,A,B,B,B,B"
R <- c(19.0,27.5,32.3,12.9,32.5,34.7,29.0,21.3)   #少量数据直接输入
boxplot(R~M)   #R 为对应的数值,M 为分组依据
```

出图:

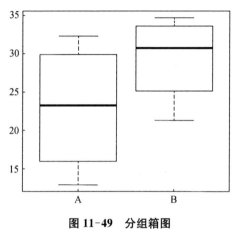

图 11-49　分组箱图

六、散点图

散点图数据对于一对多的情况,即一个 x 可以对应一个同样长度的 y 矩阵,例如:

表 11-9　原始数据　　　　　　　　　　　　　　　单位:cm

月份	1	2	3	4	5	6	7	8	9	10	11	12	x
树 1 高	22	25	33	45	68	90	102	114	120	134	142	150	y_1
树 2 高	14	20	27	35	46	71	85	98	NA	125	134	145	y_2
树 3 高	30	34	45	55	60	78	89	100	116	126	132	140	y_3

需要将数据修改成 x,y 一样的长度或者矩阵形式。就这个例子,我们需要将数据修改成:

表 11-10 处理后满足作图的数据

月份	1	2	3	4	5	6	7	8	9	10	11	12	x
树1高	22	25	33	45	68	90	102	114	120	134	142	150	y_1
月份	1	2	3	4	5	6	7	8	9	10	11	12	x
树2高	14	20	27	35	46	71	85	98	NA	125	134	145	y_2
月份	1	2	3	4	5	6	7	8	9	10	11	12	x
树3高	30	34	45	55	60	78	89	100	116	126	132	140	y_3

注意：散点图的数据通常不能直接用于多线的作图。

我们这里给出方法：

x 处理的代码：

```
x <- 1:12 #整数类型月份

x <- matrix(rep(x,3),nrow = 3,ncol = 12,byrow = TRUE)
```

#将 x 的 1 到 12 重复 3 次,并当作序列存储到 3×12 的矩阵中,并且按照行放置,然后覆盖掉原先的变量 x

y 树高数据可以输入为：

```
y1 <- c(22,25,33,45,68,90,102,114,120,134,142,150) #树 1 高,整型数据

y2 <- c(14,20,27,35,46,71,85,98,NA,125,134,145) #树 2 高,整型数据

y3 <- c(30,34,45,55,60,78,89,100,116,126,132,140) #树 3 高,整型数据

y <- matrix(c(y1,y2,y3),nrow = 3,ncol = 12,byrow = TRUE)
```

#将三次树高当作序列存储到 3×12 的矩阵中,并且按照行放置,然后存储到变量 y

或者我们也可以一次性输入：

```
y <- c(22,25,33,45,68,90,102,114,120,134,142,150,14,20,27,35,46,71,85,98,
NA,125,134,145,30,34,45,55,60,78,89,100,116,126,132,140)

y <- matrix(y,nrow = 3,ncol = 12,byrow = TRUE)
```

#将三次树高当作序列存储到 3×12 的矩阵中,并且按照行放置,然后覆盖变量 y

至此,x,y 都是 3×12 的矩阵。

这样在作图时 x 会被人为重复利用三次,尤其在一个图中画散点图时。我们这里仍然使用 plot 函数进行作图：

代码：

```
plot(x,y,type = "p",pch = 20)
```

出图：

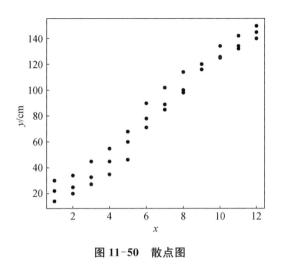

图 11-50　散点图

七、ggplot2 介绍与出图

ggplot2 是一个打包的绘图包，它将 R 中的一些基本作图工具进行了修改和扩充，因此在作图能力上要明显强于基本作图。

而且对于 ggplot2 来说有着完全不太相同的编写方式。ggplot2 遵循的是先画框架再添加元素的顺序，因此通常情况下我们只要输入一次数据框就可以作图。

在 ggplot2 使用前我们首先需要安装这个包：

`install.packages("ggplot2")` # 安装 ggplot2

等待自动安装完成后，我们就可以直接调用这个包了。

`library(ggplot2)` # 加载 ggplot2 包，注意这个没有双引号

在 ggplot2 中作图需要对下面几个内容作一定的了解：

数据（data）、映射（mapping）、几何对象（geom）、统计变换（stats）、标度（scale）、坐标系（coord）。

上述组件之间是通过"＋"，以图层的方式来堆叠画出的部件，另外还有一些辅助的功能，如主题（theme）、保存图片等。

1. 数据形式

ggplot2 只能使用数据框的数据形式，例如例 11-2 中的数据：

▲	P1	P2	P3	P4
A	351	130	238	120
B	438	217	144	236
C	524	262	253	177
D	126	84	113	212

也就是说 ggplot2 中使用的数据必须要有行列的名称。或者官方推荐 R 中自带的数据(这里显示的是前 6 行):

	mpg	cyl	disp	hp	drat	wt	qsec	vs	am	gear	carb
Mazda RX4	21.0	6	160	110	3.90	2.620	16.46	0	1	4	4
Mazda RX4 Wag	21.0	6	160	110	3.90	2.875	17.02	0	1	4	4
Datsun 710	22.8	4	108	93	3.85	2.320	18.61	1	1	4	1
Hornet 4 Drive	21.4	6	258	110	3.08	3.215	19.44	1	0	3	1
Hornet Sportabout	18.7	8	360	175	3.15	3.440	17.02	0	0	3	2
Valiant	18.1	6	225	105	2.76	3.460	20.22	1	0	3	1

上面的数据存储在 mtcars 中,直接在 R 终端中输入 mtcars 就能显示这些数据。

2. 作图模式

ggplot2 中的作图方式是采用堆叠的方式进行的,它提供了如表 11-11 所示的叠加函数。

表 11-11　叠加函数

函数	作用	提供参数
geom_bar()	条形图	color, fill, alpha
geom_boxplot()	箱图	color, fill, alpha, notch, width
geom_density()	密度图	color, fill, alpha, linetype
geom_histogram()	直方图	color, fill, alpha, linetype, binwidth
geom_hline()	水平线	color, alpha, linetype, size
geom_jitter()	随机图	color, size, alpha, shape
geom_line()	线图	colorvalpha, linetype, size
geom_point()	散点图	color, alpha, shape, size
geom_rug()	核密度线	color, side
geom_smooth()	拟合线	method, formula, color, fill, linetype, size
geom_text()	文本标注线	Many; see the help for this function
geom_violin()	小提琴图	color, fill, alpha, linetype
geom_vline()	竖直线	color, alpha, linetype, size

对于参数部分,我们给出公用参数解释,如表 11-12 所示。

表 11-12　公用参数

color	点、线、边框颜色
fill	填充区域颜色
alpha	填充区域颜色的透明度 (从 0 到 1 分别表示完全透明到不透明)
linetype	线的类型 (1 =实心,2 =折线,3 =点线,4 =点划线,5 =长折线,6 =双折线)
size	点或线的大小
shape	点的类型,类似 plot 中的 pch
position	作图位置,对于条形图来说"dodge"表示并排,"stacked"将会堆叠;对"点图","jitter"会避免点的重叠
binwidth	直方图单条的宽度
notch	箱图是否需要添加凹槽 FALSE/TRUE
sides	放置核密度的位置("b" =底部,"l" =左侧,"t" =顶端,"r" =右侧,"bl" =底部和左侧都有,以此类推)
width	箱图的宽度

下面我们直接给出图例和代码解释:

3. 散点图

对于 mtcars 数据:

作出散点图的代码:

```
library(ggplot2)
ggplot(data = mtcars, aes(x = wt, y = mpg)) +
#确定使用的数据,x 轴关联 wt,y 轴关联 mpg
geom_point() +                          #堆叠 xy 坐标的点图
labs(title = "Automobile", x = "Weight", y = "Miles Per Gallon")
#标题和 xy 轴名称
```

注意:叠加是在函数最后结尾处加上一个"+"号来关联和堆叠的,这些关联的函数使用的是同一个数据,如果想再画其他数据,那么需要另外在函数中特别标明数据。

出图:

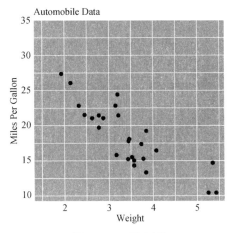

图 11-51　散点图

4. 拟合图

对于 mtcars 数据：

作出拟合图代码：

```
library(ggplot2)
ggplot(data = mtcars, aes(x = wt, y = mpg)) +    # x轴关联 wt,y轴关联 mpg
geom_point(pch = 17, color = "blue", size = 2) +  #设置点类型、颜色、大小
geom_smooth(method = "lm", color = "red", linetype = 2) +  #拟合曲线方式为 lm、线
颜色、线型
labs(title = "Automobile Data", x = "Weight", y = "Miles Per Gallon")  #标题与轴名称
```

出图效果：

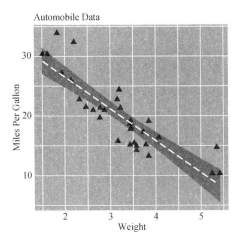

图 11-52　拟合图

需要解释的是在图 11-52 中,拟合曲线上下的阴影区域是关于拟合的 95% 的置信区间,也就是说在这个区间内的数据是比较可行的。

5. 直方图

对于 mtcars 数据,我们想作出 wt 的直方图:

代码为:

```
ggplot(mtcars, aes(x = wt)) +     #绑定数据,因为是直方图,因此只需要 x 的数据
geom_histogram()                  #叠加直方图,仍然使用 + 号关联数据
```

出图:

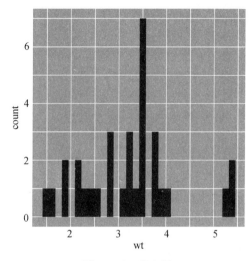

图 11-53 直方图

参考文献

［1］徐秋艳.SPSS统计分析方法及应用实验教程[M].北京:中国水利水电出版社,2011.

［2］沈渊.SPSS 17.0统计分析及应用实验教程[M].杭州:浙江大学出版社,2013.

［3］卢纹岱.SPSS统计分析[M].4版.北京:电子工业出版社,2010.

［4］时立文.SPSS 19.0统计分析:从入门到精通[M].北京:清华大学出版社,2012.

［5］李志辉.SPSS常用统计分析教程[M].4版.北京:电子工业出版社,2015.

［6］刘小虎.SPSS 12.0 for Windows在农业试验统计中的应用[M].沈阳:东北大学出版社,2007.

［7］明道绪.生物统计附试验设计[M].3版.北京:中国农业出版社,2002.

［8］张勤.生物统计学[M].2版.北京:中国农业大学出版社.2008.

［9］谢庄,贾青.兽医统计学[M].北京:高等教育出版社,2006.

［10］盛骤,谢式千,潘承毅.概率论与数理统计[M].4版.北京:高等教育出版社,2008.

［11］薛毅,陈立萍.统计建模与R软件[M].北京:清华大学出版社,2007.

［12］李春喜,姜丽娜,邵云.生物统计学学习指导[M].北京:科学出版社,2008.

［13］Kabacoff R. R in Action: Data Analysis and Graphics with R [M]. 2th ed. Greenwich: Manning Publications，2015.